中国可再生能源工程造价管理报告

2024年度

CHINA RENEWABLE ENERGY
ENGINEERING COST MANAGEMENT REPORT

可再生能源定额站 编著

·北京·

图书在版编目（CIP）数据

中国可再生能源工程造价管理报告. 2024年度 / 可再生能源定额站编著. -- 北京 : 中国水利水电出版社, 2025. 5. -- ISBN 978-7-5226-3404-3

Ⅰ. TK01

中国国家版本馆CIP数据核字第20251Z11M1号

书　　名	中国可再生能源工程造价管理报告2024年度 ZHONGGUO KEZAISHENG NENGYUAN GONGCHENG ZAOJIA GUANLI BAOGAO 2024 NIANDU
作　　者	可再生能源定额站　编著
出版发行	中国水利水电出版社 （北京市海淀区玉渊潭南路1号D座　100038） 网址：www.waterpub.com.cn E-mail：sales@mwr.gov.cn 电话：（010）68545888（营销中心）
经　　售	北京科水图书销售有限公司 电话：（010）68545874、63202643 全国各地新华书店和相关出版物销售网点
排　　版	中国水利水电出版社微机排版中心
印　　刷	北京印匠彩色印刷有限公司
规　　格	210mm×285mm　16开本　4.5印张　108千字
版　　次	2025年5月第1版　2025年5月第1次印刷
定　　价	**298.00元**

凡购买我社图书，如有缺页、倒页、脱页的，本社营销中心负责调换

版权所有·侵权必究

编 委 会

主　　任　李　昇　易跃春

副 主 任　王忠耀　杨淑芝　赵增海　余　波　张益国　王富强
　　　　　王绍君

主　　编　赵全胜　郭建欣

副 主 编　殷许生　关宗印　王善春　彭烁君　薛建峰

编写人员　周小溪　刘春高　陈　文　赵　青　郭　浩　李宏宇
　　　　　魏国强　刘海勃　刘春影　陆业奇　刘玉颖　罗福来
　　　　　赵长伟　李杰文　常昊天　柯　文

前言

2024年，是新中国成立75周年，是深入实施"四个革命、一个合作"能源安全新战略十周年，同时也是完成"十四五"规划目标任务的关键一年。可再生能源行业以习近平新时代中国特色社会主义思想为指导，深入学习贯彻党的二十大和二十届二中、三中全会精神，完整准确全面贯彻新发展理念，以碳达峰碳中和工作为引领，统筹能源安全和低碳发展，加快规划建设新型能源体系，稳妥推进能源绿色低碳转型，全力推动可再生能源发展再上新台阶，为"十四五"圆满收官奠定坚实基础。总体来看，中国可再生能源技术及相关产业已具备强大的国际竞争力，经济引领带动作用显著，未来将成为不断壮大能源新质生产力的重要抓手和推动经济社会改革创新发展的强劲动力。

当前，全球能源向绿色低碳加速转型，新型能源体系、新型电力系统加快建设，可再生能源处于大有可为的战略机遇期。同时，随着电力市场化改革的深入推进，市场化交易中的价格波动风险将加剧投资预期的不确定性，可再生能源工程投资控制、效益提升面临着新的挑战和要求。深入分析研究中国可再生能源发展中的技术经济问题，把握可再生能源行业工程建设和经济运行活动的总体规律，对加强可再生能源工程建设投资合理有效管控、全面提升工程建设投资效率效益、维护建设市场秩序、促进能源绿色低碳转型、服务国民经济高质量发展具有重要意义。

为履行行业管理的使命职责，可再生能源定额站对2024年度工程造价管理有关情况进行了系统梳理、分析和总结，编制完成了《中国可再生能源工程造价管理报告2024年度》。报告立足行业发展新形势，覆盖主要可再生能源品种以及工程建设全过程，重点对抽水蓄能电站及风力发电、太阳能发电工程等热点领域造价水平进行研究，并对压缩空气储能、飞轮储能、氢能等新兴领域进行分析。在系统总结2024年可再生能源工程造价管理实践经验的基础上，展望未来趋势，为政府有关部门加强行业监管、制定产业政策提供技术支撑，为有关企业、机构掌握工程造价水平及发展趋势、推动造价管理提升提供有益参考。报告力求兼顾全面性与系统性、前瞻性与实践性，全方位体现工程造价管理工作内容，但因经验有限，报告难免有疏漏之处，恳请行业各界批评指正，提出意见和建议，我们将予以吸纳改进。

在报告编写过程中，得到了能源主管部门、市场监管部门、相关企业、有关机构的大力支持和指导，在此谨致衷心的谢意。山水万程，步履不停。站在能源革命的潮头远眺，中国可再生能源事业正如鲲鹏展翅，乘"双碳"东风翱翔于绿色动能澎湃激荡的浩荡春风之中。期待与各界同仁携手，共绘可再生能源高质量发展的壮美画卷！

可再生能源定额站

2025 年 4 月

目 录

前言

1 发展综述 …………………………… 1

2 工程造价水平年度分析 …………… 6
  2.1 常规水电工程 ………………… 7
  2.2 抽水蓄能电站工程 …………… 7
  2.3 陆上风电工程 ………………… 14
  2.4 海上风电工程 ………………… 18
  2.5 陆上光伏发电工程 …………… 21
  2.6 海上光伏发电工程 …………… 24
  2.7 光热发电工程 ………………… 25
  2.8 压缩空气储能工程 …………… 26
  2.9 其他 …………………………… 27

3 工程造价水平趋势分析及预测 …… 29
  3.1 常规水电工程 ………………… 30
  3.2 抽水蓄能电站工程 …………… 30
  3.3 风力发电工程 ………………… 31
  3.4 光伏发电工程 ………………… 32
  3.5 光热发电工程 ………………… 33
  3.6 压缩空气储能工程 …………… 33
  3.7 其他 …………………………… 33

4 定额标准管理 ……………………… 35
  4.1 国家标准 ……………………… 36
  4.2 行业标准 ……………………… 36
  4.3 团体标准 ……………………… 41
  4.4 企业标准 ……………………… 42

5 工程造价热点研究 ………………… 44
  5.1 抽水蓄能电站工程投资主要影响因素分析及关键特征参数研究 …… 45
  5.2 水电工程信息化数字化专项投资编制细则研究 …………………… 45
  5.3 水电工程全生命周期造价管理体系研究 ……………………………… 46
  5.4 水电工程运行期设备检修及试验定额标准研究 …………………… 46
  5.5 工程造价鉴定研究 …………… 47

6 行业综合管理与服务 ……………… 48
  6.1 工程造价业务发展趋势分析 … 49
  6.2 企业信用评价 ………………… 50
  6.3 注册造价工程师管理 ………… 50

6.4 造价专业人员能力水平评价 …… 52
6.5 造价专业培训 …………………… 52

7 发展展望 ………………………… 54

附录 ………………………………… 58
附录1 大事记 ……………………… 59
附录2 区域划分表 ………………… 62

1 发展综述

（1）可再生能源装机规模继续保持快速增长，新增装机规模再创历史新高

截至2024年年底，中国可再生能源装机容量达到
18.89亿kW

2024年中国可再生能源装机规模延续了高速增长态势，新增装机规模再创历史新高，在能源结构转型、绿色低碳发展及全球气候治理中展现出关键引领作用。截至2024年年底，中国可再生能源装机容量达到18.89亿kW，装机规模同比增长24.6%，占全国发电总装机的56.4%，在装机结构中的主力地位进一步夯实。其中，太阳能发电以8.87亿kW位居首位，同比增长45.5%；风电装机容量达5.21亿kW，同比增长18.0%；水电（含抽水蓄能）和生物质能装机容量分别为4.36亿kW和0.46亿kW，同比增长3.2%和4.1%。

全年新增可再生能源装机容量3.74亿kW，占全国新增电力装机容量的86.3%。其中，风电新增装机容量0.80亿kW，占2024年新增可再生能源装机容量的21.4%；太阳能发电新增2.78亿kW，占新增装机容量的74.4%。2024年中国各类电源装机容量及占比如图1.1所示。

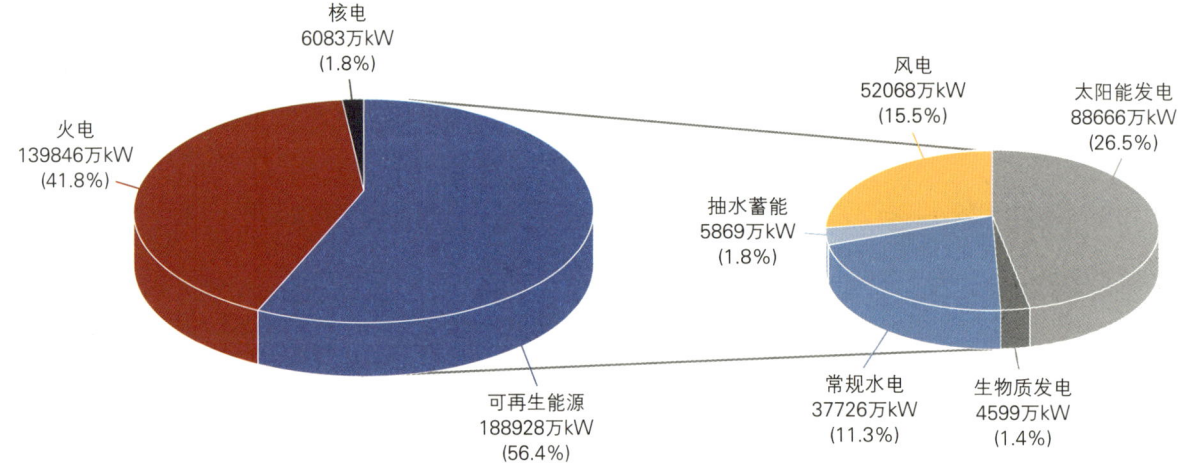

图1.1 2024年中国各类电源装机容量及占比

（2）可再生能源投资规模不断扩大，太阳能发电完成投资额连续三年位列第一

2024年中国电力工程建设投资完成额达1.78万亿元，同比增长13.2%，为近十年最高水平。其中电源投资完成1.17万亿元，同比增长12.1%，非化石能源发电投资占电源投资的比重达到86.6%。

2024年中国主要发电企业水电、风电、太阳能发电工程完成投资共

计 8630 亿元，占全部电源工程投资约 73.8%。其中太阳能发电完成投资 4463 亿元，占全部电源工程投资的 38.2%，在各类电源完成投资中连续三年位列第一；其次为风电，完成投资 3082 亿元，占比 26.4%；水电工程建设投资完成额为 1085 亿元，占比 9.3%。2022—2024 年可再生能源电源工程完成投资额情况如图 1.2 所示。

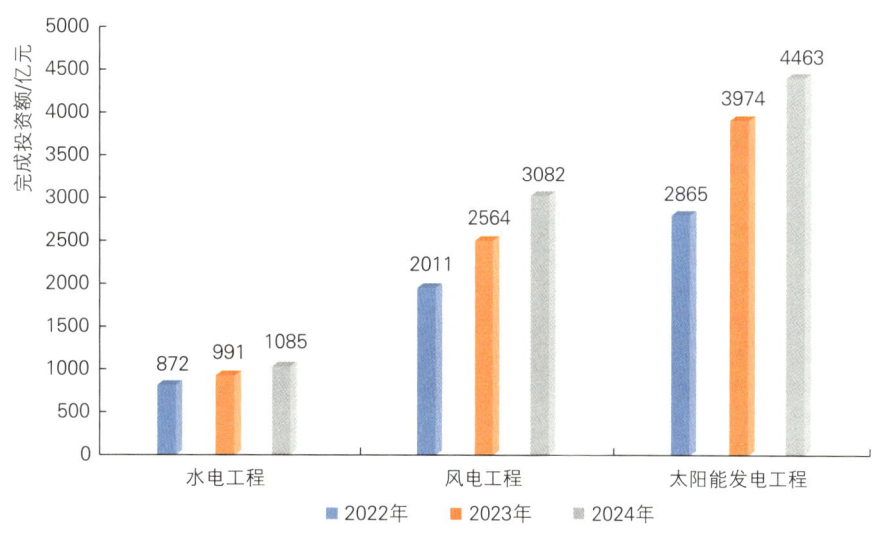

图 1.2　2022—2024 年可再生能源电源工程完成投资额情况

（3）重大工程建设进展显著，可再生能源技术持续迭代升级

2024 年中国可再生能源重大工程在技术创新、质量提升和规模化应用方面取得显著成效。四川大渡河双江口水电站等重大项目顺利推进，智能建造技术助力质量管理提升；四川道孚抽水蓄能电站等高海拔、超大容量项目进展顺利，国产化技术应用取得重要突破；陆上风电机组单机容量创新高，海南首批海上风电项目正式开工；全球最高海拔光伏项目、全国最大"渔光互补"项目等多样化工程取得重要进展，海上光伏工程质量管控体系逐步完善。

可再生能源领域实现多项关键技术突破，显著提升了发电效率与市场竞争力。水电领域在工程勘测、施工技术革新、装备制造及智能化应用方面取得显著进展；风电产业技术向大型化、智能化、多元化方向迈进；光伏产业规模持续扩大，晶硅电池转化效率显著提升，光热低成本技术实现突破；压缩空气储能核心装备取得重大进展；电解设备大型化与制氢技术进步显著，产业平台进一步完善。

（4）抽水蓄能电站项目单位造价水平保持平稳态势，新能源项目成本优势持续增强

抽水蓄能电站核准项目单位造价水平保持平稳态势，平均单位千瓦总投资 6884 元/kW，同比降低 2.2%；陆上风电项目平均单位造价 4200 元/kW，同比下降 6.7%，海上风电项目单位造价进一步下降，平均单位千瓦总投资在 9000～12500 元/kW 区间；集中式光伏电站项目平均单位造价 3450 元/kW，同比降低 11.5%，光伏组件价格持续下降，四季度有所企稳，均价为 0.69 元/W；光热发电项目单位造价水平持续下降，2024 年 100MW 及以上规模项目平均单位千瓦总投资约 16300 元/kW，同比下降约 11.9%；压缩空气储能项目中，人工硐室地下储气库项目平均单位千瓦总投资约 7600 元/kW，同比下降约 11.0%；生物质发电因发展规模有限，单位造价保持平稳；可再生能源电解水制氢工程项目单位造价降幅明显。受益于技术进步、规模化发展、设备国产化替代、市场竞争等因素，新能源项目成本优势持续增强。2011—2024 年可再生能源电源工程项目单位千瓦总投资年度平均值变化情况如图 1.3 所示。

> 受益于技术进步、规模化发展、设备国产化替代、市场竞争等因素，新能源项目成本优势持续增强

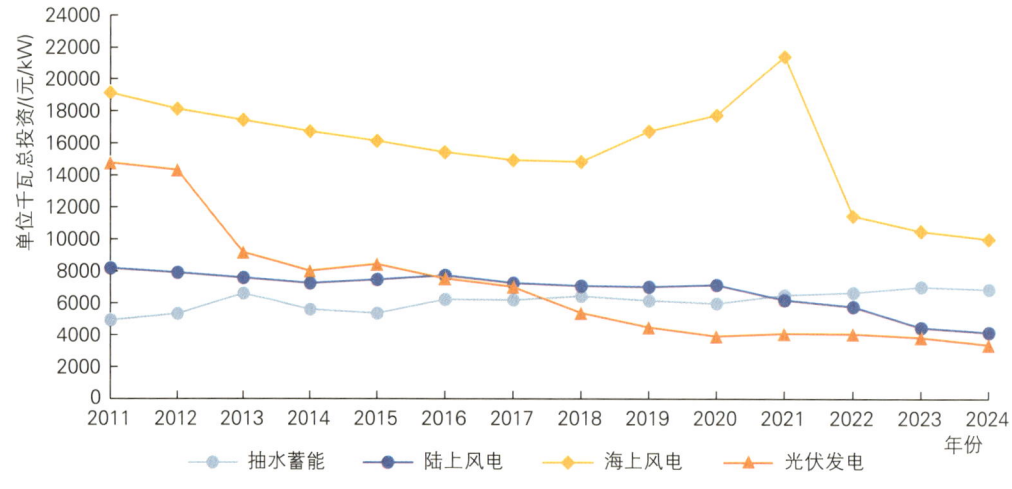

图 1.3　2011—2024 年可再生能源电源工程项目单位千瓦总投资年度平均值变化情况

（5）可再生能源发电工程定额标准体系进一步完善，工程造价市场化改革深入推进

2024 年，中国可再生能源发电工程定额标准体系进一步完善。新版《水电工程设计概算编制规定》《水电工程费用构成及概（估）算费用标准》《抽水蓄能电站投资编制细则》三项水电领域行业标准于 2024 年

6月28日正式施行，标志着中国水电工程造价管理体系迈入更加精细化、专业化、规范化的新阶段；《压缩空气储能电站工程概（估）算费用标准》《压缩空气储能电站工程概算定额》两项团体标准获批发布，填补了压缩空气储能领域技经标准空白，对合理确定工程投资、提高投资效益、维护建设各方合法利益、促进行业健康有序发展将起到重要的推动作用。

工程造价市场化改革深入推进。2024版《建设工程工程量清单计价标准》正式发布，通过"市场化定价＋数字化赋能＋风险共担"三位一体创新，进一步推动建筑业资源配置效率提升和高质量发展。这一改革与可再生能源领域的造价管理体系将形成协同，共同构建起"标准化＋市场化"双轮驱动的现代工程管理体系。

（6）工程造价业务整体规模持续扩张，造价服务向全周期以及工程经济方向深度转型

2024年可再生能源工程造价业务延续了2023年的增长态势，营业收入实现稳步提升。新能源项目规模化建设催生增量需求，工程造价业务收入增速赶超传统水电领域。可再生能源装机规模的快速增长，直接推动相关造价咨询业务量进一步增长，业务范围也从传统的"设计—施工"阶段向"前期规划—建设—运营"全周期、全链条进一步延伸。

可再生能源行业工程咨询企业继续保持业务多元化发展态势，在综合性的全过程造价咨询、竣工决算以及造价纠纷调解等方面寻求新的业务增长点。在传统的造价咨询业务范畴之外，基于当前抽水蓄能电价机制的政策框架，全过程造价咨询服务也衍生了容量电价咨询等新的内容。在政策驱动、技术赋能和市场需求升级的背景下，造价服务正加速向全周期以及工程经济方向深度转型。

2 工程造价水平年度分析

2.1 常规水电工程

2024年，新增核准大型常规水电装机容量约6400万kW，年（设计）发电量约2700亿kW·h，包括大渡河老鹰岩一级水电站等。常规水电年度核准项目数量有限，个体差异性较强，建设成本受资源禀赋、建设条件影响较大，项目造价水平呈现出较为显著的差异性。

2.2 抽水蓄能电站工程

抽水蓄能电站项目单位造价水平保持平稳态势

平均单位千瓦静态投资
5767 元/kW

抽水蓄能电站项目单位造价水平保持平稳态势。2024年，全国共核准23个抽水蓄能电站工程项目，总装机容量3090万kW，平均单位千瓦静态投资为5767元/kW，较2023年下降1.5%，平均单位千瓦总投资为6884元/kW，较2023年下降2.2%。主要原因是建设条件相对较差、造价指标较高的西北地区核准项目装机规模占比由2023年的22.5%降低至17.8%；建设期贷款利率大幅降低，5年期以上贷款市场报价利率（LPR）由年初的4.2%降低至3.6%。

如图2.1所示，从项目单位千瓦总投资指标分布情况来看，占核准项目总规模27.8%的项目单位千瓦总投资低于6500元/kW，38.9%的项目单位千瓦总投资介于6500~7000元/kW之间。仅有1个项目（规模占比1.9%）单位千瓦总投资高于8000元/kW。

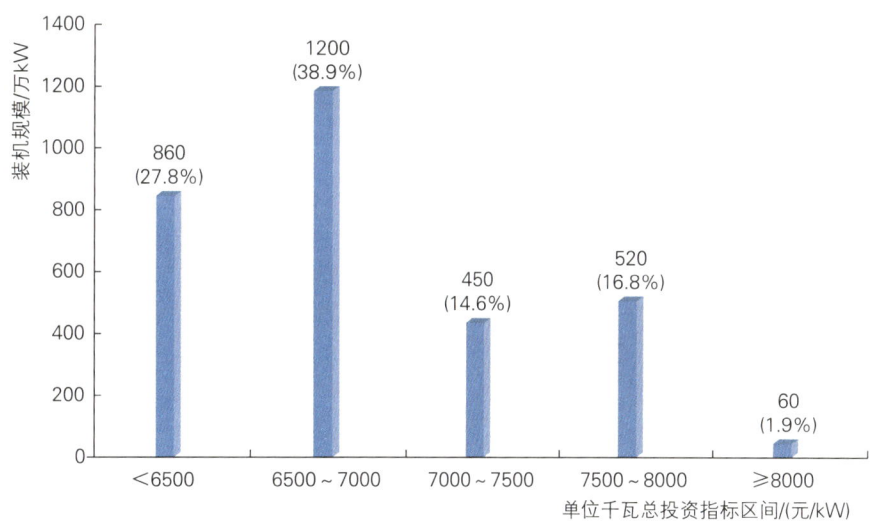

图2.1 2024年核准抽水蓄能电站项目单位千瓦总投资统计图

（1）抽水蓄能电站项目投资构成分布较为稳定，土建工程投资占比仍为最高

2024年抽水蓄能电站平均单位千瓦静态投资为5767元/kW。其中，土建工程（施工辅助工程、建筑工程，下同）投资占比最高，达45.0%；设备（机电设备、金属结构设备）及安装工程因可逆式水泵水轮发电电动机组设备价格较高，单位造价普遍高于常规水电，占比为27.7%；抽水蓄能电站涉及环境影响因素较少，且水库淹没影响范围较小，因此环水保专项工程投资、建设征地移民安置补偿费用占比较小，分别在2.5%和3.1%左右。与2023年相比，2024年抽水蓄能电站单位千瓦静态投资降低90元/kW，其中土建工程、设备及安装工程、建设征地移民安置补偿费用、独立费用部分降低额度相当，均在25元/kW左右。详见表2.1和图2.2。

表2.1 抽水蓄能电站项目静态投资各分项单位造价及占比

序号	项目名称	2023年 单位造价/(元/kW)	2023年 所占比例/%	2024年 单位造价/(元/kW)	2024年 所占比例/%	2024年较2023年 单位造价变化/(元/kW)	2024年较2023年 变幅/%
一	土建工程	2622	44.8	2598	45.0	-24	-0.9
1	施工辅助工程	440	7.5	430	7.4	-10	-2.3
2	建筑工程	2182	37.3	2168	37.6	-14	-0.6
二	环水保专项工程	151	2.6	143	2.5	-8	-5.3
三	设备及安装工程	1614	27.6	1596	27.7	-18	-1.1
1	机电设备及安装工程	1324	22.6	1295	22.5	-29	-2.2
2	金属结构设备及安装工程	290	5.0	301	5.2	11	3.4
四	建设征地移民安置补偿费用	206	3.5	180	3.1	-26	-12.6
五	独立费用	928	15.8	906	15.7	-22	-2.4
六	基本预备费	336	5.7	344	6.0	8	2.4
	静态投资	5857	100	5767	100	-90	-1.5

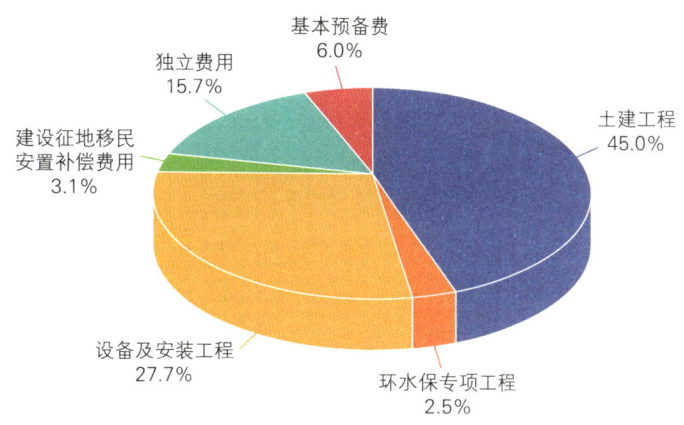

图 2.2　抽水蓄能项目静态投资各分项占比

建筑工程投资中，上、下库工程投资占比最大，合计为 34.7%；其次为输水建筑物，占比 21.4%；第三为交通工程，占比 15.4%。建筑工程各分项工程单位造价及所占比例见表 2.2。

表 2.2　建筑工程各分项工程单位造价及所占比例

序号	项目名称	单位造价/(元/kW)	所占比例/%
一	建筑工程	2168	100
1	上库工程	448	20.7
2	下库工程	304	14.0
3	输水建筑物	464	21.4
4	发电建筑物	237	10.9
5	升压变电建筑物	132	6.1
6	交通工程	333	15.4
7	房屋建筑工程	123	5.7
8	其他部分	127	5.9

（2）抽水蓄能电站规模效应较为显著，主流装机规模区间项目平均单位造价与 2023 年相比基本持平

2024 年核准项目中，单位千瓦静态投资最高的是 60 万 kW 抽水蓄能电站项目（仅一项），为 7827 元/kW。随装机规模增加，单位千瓦静态投资基本呈现逐步降低趋势，但 210 万 kW 单位造价又抬升为 5802 元/

kW，主要是因为 210 万 kW 装机规模仅一项，位于西北地区，建设条件相对较差，单位造价较高。如图 2.3 所示，图中圆点代表同等装机规模项目，对应纵坐标为该装机规模项目单位千瓦静态投资的加权平均值。

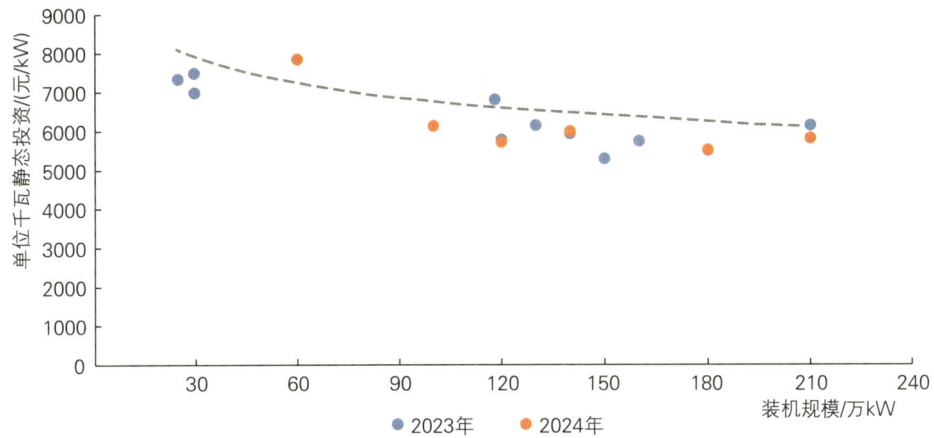

图 2.3　抽水蓄能电站项目不同装机规模平均单位千瓦静态投资

从装机规模区间占比来看，2024 年主要分布区间仍为 100 万～150 万 kW，占比 64.7%，其次为 150 万～200 万 kW，占比为 23.3%，两个区间的项目平均单位千瓦静态投资与 2023 年基本持平；100 万 kW 以内和 200 万 kW 以上项目降幅相对较大，分别达 6.8%、5.7%。各区间单位千瓦静态投资如图 2.4 所示（注：上述装机规模范围包含下限值，不包含上限值）。

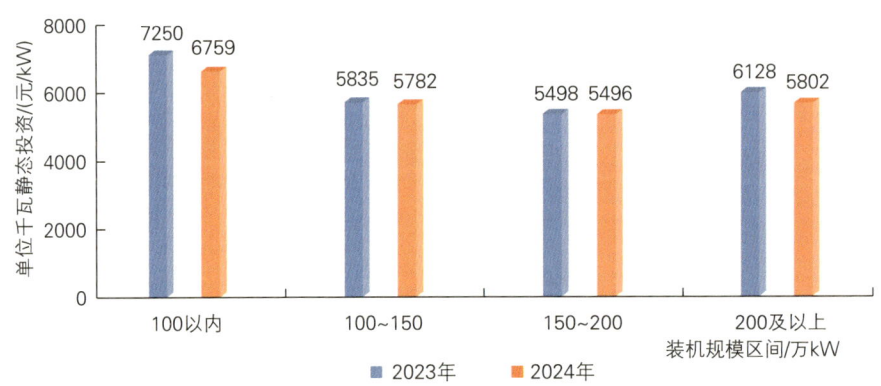

图 2.4　抽水蓄能电站项目分区间单位千瓦静态投资对比

（3）西北、华北地区抽水蓄能电站单位造价仍明显高于其他地区，东北地区单位造价降幅相对较大

2024 年，东北地区核准项目规模仍保持较高水平，其他地区核准规模较 2023 年均有所收缩，西南地区无新增核准项目，因此东北地区装

机规模占全国总装机规模比例较 2023 年大幅提高,达 27.2%。2023 年、2024 年各地区装机规模对比表见表 2.3。

表 2.3　　2023 年、2024 年各地区装机规模对比表

地区	2023 年			2024 年		
	项目数量/个	装机规模/MW	装机规模占比/%	项目数量/个	装机规模/MW	装机规模占比/%
东北地区	5	7100	11.2	5	8400	27.2
华北地区	5	6180	9.7	4	4800	15.5
华东地区	13	13245	20.9	3	3800	12.3
华中地区	6	8000	12.6	4	4800	15.5
南方地区	10	12500	19.7	3	3600	11.7
西北地区	9	14300	22.5	4	5500	17.8
西南地区	1	2100	3.3	—	—	—
合计	49	63425	100	23	30900	100

抽水蓄能电站项目地区间单位造价差异规律与 2023 年基本一致。受地质条件、水源条件、接入系统要求等因素影响,西北地区电站总体单位造价明显高于其他地区,其次为华北地区。华中、南方、华东地区建设条件较好且水资源丰富,单位造价水平较低。东北地区因年度核准项目多为 180 万 kW 装机规模,受规模效应等因素影响,平均单位千瓦静态投资最低。不同地区抽水蓄能电站项目单位千瓦静态投资如图 2.5 所示。

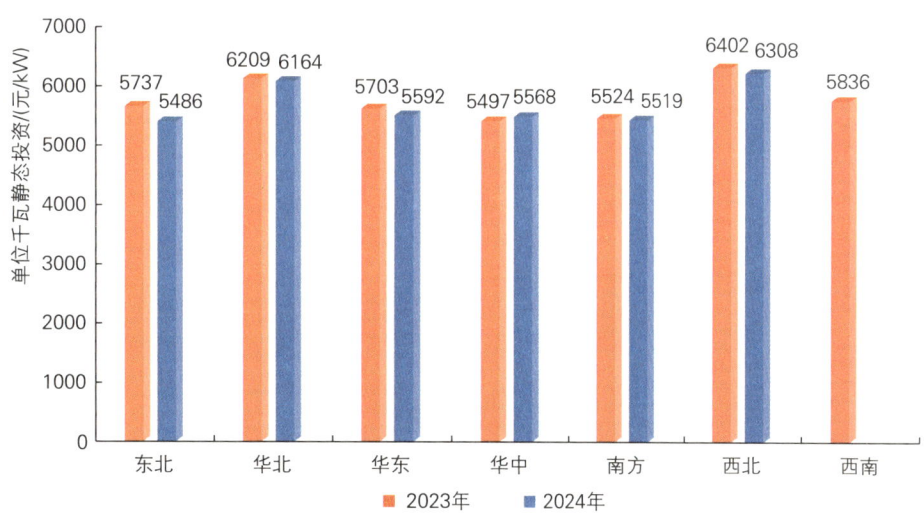

图 2.5　不同地区抽水蓄能电站项目单位千瓦静态投资

2024年核准抽水蓄能电站项目中，5项需单独修建补水工程，其中西北地区2项，华北地区3项。投资额在2000万～6000万元区间。

（4）成库形式对上、下库工程投资影响较大，上库工程单位造价指标普遍高于下库

抽水蓄能电站上、下库按库盆地形条件可分为利用河道、利用已有水库、利用沟谷凹地、平坡地半挖半填成库等形式。据统计，2024年核准抽水蓄能电站项目，上库以利用沟谷凹地成库为主（21座利用沟谷凹地成库，2座平坡地半挖半填成库），下库以利用河道成库为主（14座利用河道成库，8座利用沟谷凹地成库，1座利用已有水库）。

不同形式下土石方开挖、填筑工程量呈现显著差异：平坡地半挖半填成库土石开挖量最大，利用河道及已有水库等形式土石开挖量一般较小。同时，相较于下库，上库选址范围有限。因此上库工程单位造价指标普遍高于下库，如图2.6所示。其中，上库工程平均单位造价为464元/kW，下库工程平均单位造价为304元/kW，部分项目下库涉及泥沙等问题需增设相关设施导致指标较高。图中同一横坐标对应的圆形、方形标记分别代表同一电站的上、下库，纵坐标为直接工程投资对应的单位千瓦投资。其中项目5下库为利用已建电站水库，直接工程投资为0，发电量损失补偿费用约3000万元（25元/kW）。

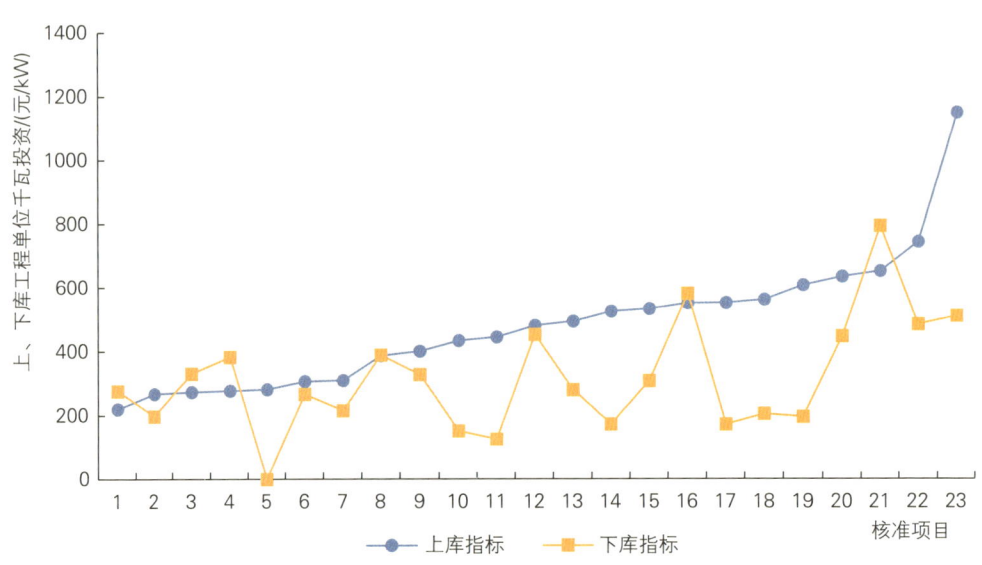

图 2.6 抽水蓄能电站项目上、下库工程单位千瓦投资对比

（5） 120 万 kW 装机规模项目开挖库容比主要集中于 0.3~1 区间，单位造价与开挖库容比基本呈正相关关系

上、下库库容开挖量与调节库容比值（简称"开挖库容比"）可用于表征抽水蓄能站点成库条件。抽水蓄能站点选址时优先选择地质条件较好的天然库盆地形，但部分站点地形地质条件相对较差，需采取人工开挖库盆成库，或清除不良地质体，或补充填筑料、混凝土骨料，导致开挖工程量大，投资相对较高。根据 120 万 kW 装机项目分析情况来看，2024 年核准项目中，120 万 kW 装机规模项目开挖库容比主要集中于 0.3~1 区间。如图 2.7 所示，2024 年项目单位千瓦静态投资与开挖库容比基本呈正相关关系，分布规律与 2023 年基本一致，个别项目因受其他因素叠加影响，略有偏离。综合 2023 年、2024 年 120 万 kW 装机项目数据分析，同等建设条件下，开挖库容比每增加 0.1，项目单位千瓦静态投资增加约 60~100 元/kW。

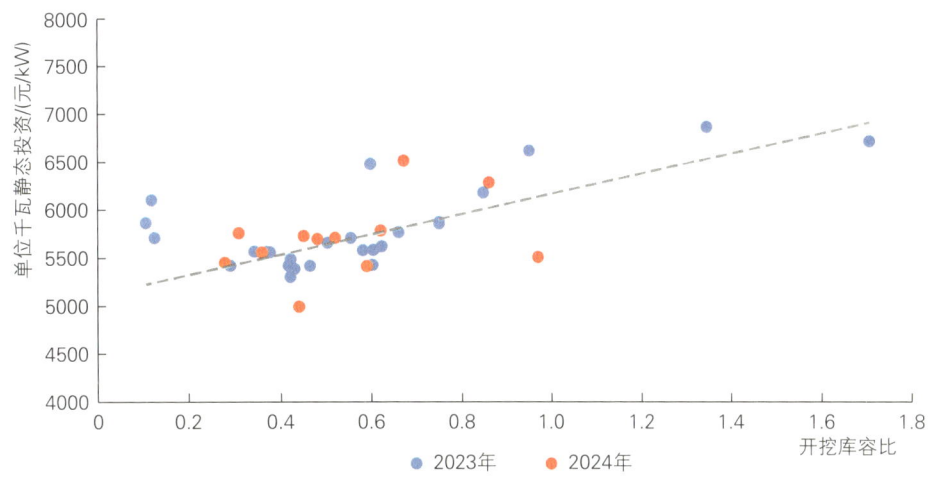

图 2.7 抽水蓄能电站项目单位千瓦静态投资随开挖库容比变化关系（120 万 kW 装机）

（6）采用全库盆防渗型式的库盆数量占比接近 25%，全库盆防渗工程单位造价较高

上、下库防渗型式差异（局部垂直防渗、全库盆防渗）对电站投资影响较大。2024 年核准项目中，采用全库盆防渗型式的库盆数量占比接近 25%，与 2023 年基本持平。南方地区一般地质情况较好且水资源丰富，多采用局部垂直防渗型式，单位造价较低；北方地区因岩石风化、库区渗漏问题严重且水资源匮乏，多采用钢筋混凝土面板、沥青混

凝土面板全库盆防渗型式，库盆防渗工程投资较大，单位造价较高。对于120万kW装机规模的电站，单个库的全库盆防渗工程中沥青混凝土面板/钢筋混凝土面板（含垫层及排水廊道）单位造价一般在150～250元/kW，总体水平与2023年相比基本持平。

（7）距高比对输水系统投资影响较大，单位造价与距高比基本呈正相关关系

抽水蓄能电站距高比指输水建筑物水平投影长度与额定水头之比，是评估抽水蓄能电站特性和经济性的重要指标之一。一般来说，相同额定水头下，距高比越大，意味着电站输水建筑物长度越长，投资越高。根据统计分析，2024年抽水蓄能电站项目输水建筑物单位造价随距高比变化规律与2023年基本一致，单位造价与距高比基本呈正相关关系。120万kW装机项目，距高比每增加1，输水建筑物投资约增加3000万元，输水建筑物单位千瓦投资随距高比变化关系如图2.8所示。

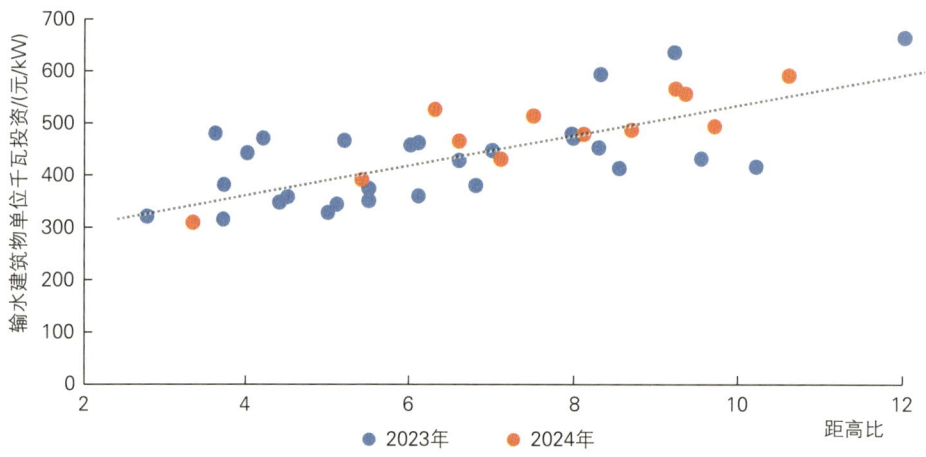

图2.8　输水建筑物单位千瓦投资随距高比变化关系（120万kW装机）

2.3　陆上风电工程

机组大型化推动陆上风电项目单位造价进一步下降

平均单位千瓦总投资
4200 元/kW

LCOE
0.18 元/(kW·h)

2.3.1　工程项目总体造价情况

机组大型化推动陆上风电项目单位造价进一步下降。2024年全国陆上风电项目新增装机规模7579万kW，仍保持高速增长态势。7～10MW大容量机型迎来规模化发展，双馈、半直驱机型逐步占据主流，高塔架、大叶轮机型广泛应用。根据项目概算、招投标信息、结算资料综合分析，2024年陆上风电项目平均单位千瓦总投资约4200元/kW，较2023年下降6.7%，平准化度电成本（LCOE）约为0.18元/(kW·h)

（折现率 5%，利用小时数 2000h）。

陆上风电项目设备及安装工程投资占比最高，约占工程总投资的 64%。2024 年典型陆上风电项目各分项投资占总投资比例如图 2.9 所示。

陆上风电项目设备及安装工程投资占比最高，约占工程总投资的 64%

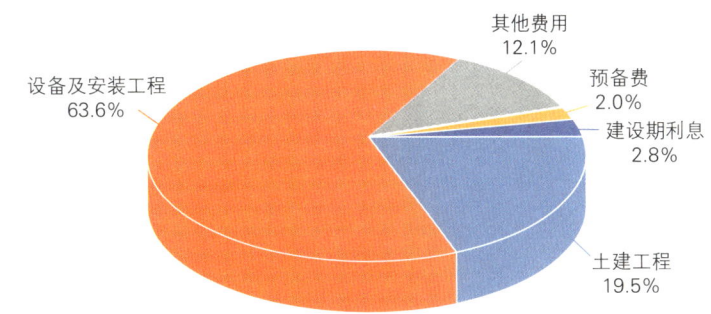

图 2.9　2024 年典型陆上风电项目各分项投资占总投资比例

设备及安装工程、土建工程单位造价进一步下降，其他费用、预备费及建设期利息有所增加

（1）设备及安装工程、土建工程单位造价进一步下降，其他费用、预备费及建设期利息有所增加。受益于机组大型化，设备及安装工程降低约 290 元/kW，降幅最大，约为 10%；陆上风电项目建设条件愈趋复杂，叠加大机组设备运输及施工难度增加、施工管理要求提高，工期延长导致其他费用、预备费、建设期利息增加。2023 年、2024 年典型陆上风电项目各分项单位造价对比如图 2.10 所示。

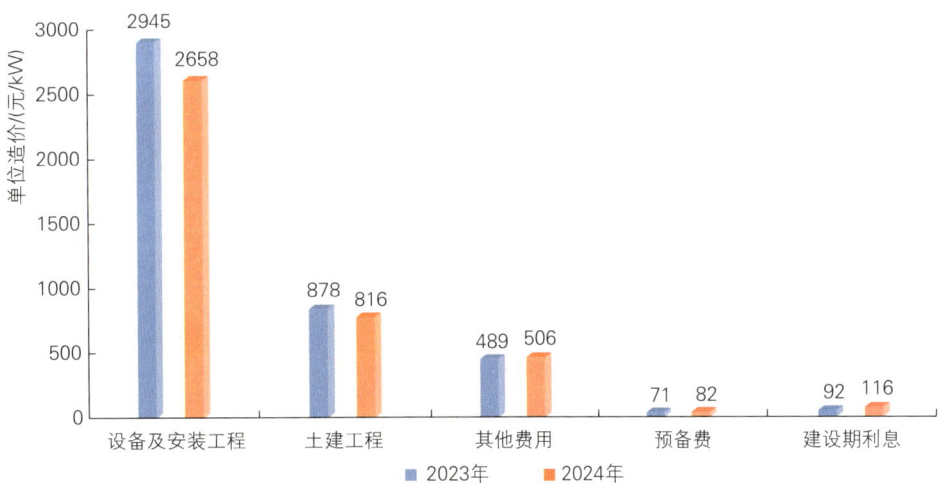

图 2.10　2023 年、2024 年典型陆上风电项目各分项单位造价对比

西南、南方、华东地区项目单位造价明显高于其他地区，西北地区项目单位造价最低

（2）西南、南方、华东地区项目单位造价明显高于其他地区，西北地区项目单位造价最低。西南、南方、华东等地区建设条件复杂，普遍涉及复杂地质基础处理，场内交通及电力线路工程投入较大，用地成本较高，部分地区受高海拔、覆冰或强降雨等施工干扰因素影响，单位造价较高。西北、东北、华北等地区项目场地条件相对较好，叠加规模化开发因素，单位造价相对较低。各地区陆上风电项目的建设成本受

基础建设条件、气候、海拔、送出条件、征地以及其他非技术成本影响，普遍存在一定差异。不同地区陆上风电项目单位造价如图2.11所示。

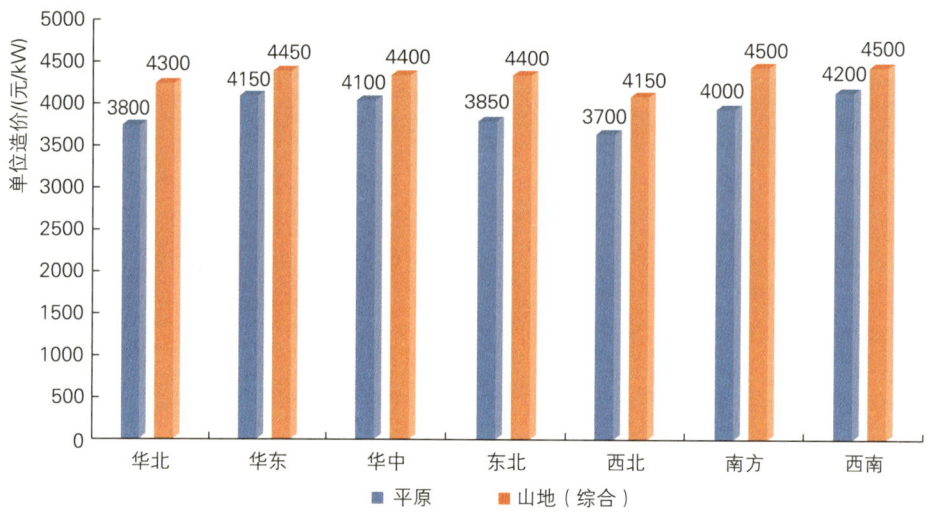

图2.11　不同地区陆上风电项目单位造价

陆上风电机组单机容量进一步提高，持续推动风电项目单位造价下降

（3）陆上风电机组单机容量进一步提高，持续推动风电项目单位造价下降。2024年10月，15MW风电机组SI-270150在吉林通榆成功吊装，刷新陆上风电机组最大单机容量、最大叶轮直径两项纪录，标志着中国大容量机组研究制造工艺及施工工艺进一步成熟。随着风电机组单机容量增大，初期投资虽然相对较高，但单位容量设备购置费得以降低，风机基础数量也得以减少，单位造价进一步降低，发电效率也显著提高。且随着机组数量的减少，运维成本也呈降低趋势。

选取100MW规模平原、山地地形典型风电场进行不同单机容量项目单位造价分析，结果如图2.12所示。

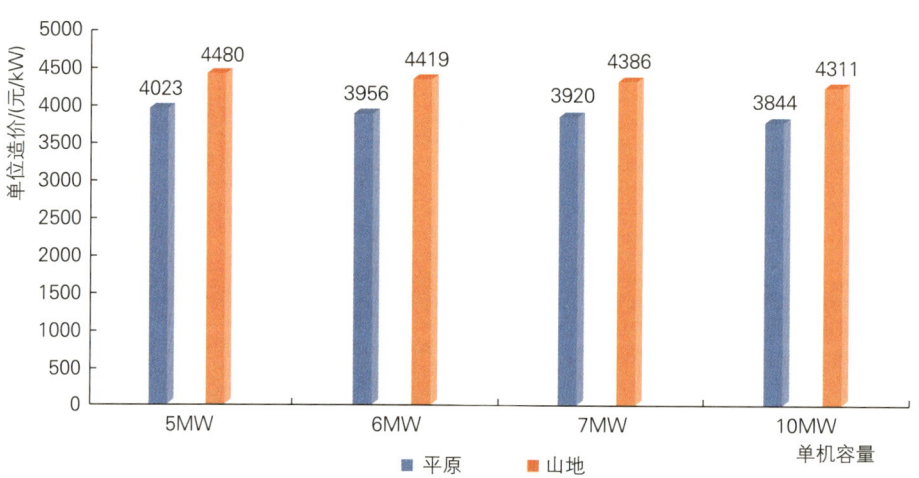

图2.12　不同单机容量风电项目单位造价

高塔架技术水平进一步提升，助推陆上风电降本增效

（4）高塔架技术水平进一步提升，助推陆上风电降本增效。随着风电机组容量和高度的不断攀升，塔架的重要性愈发凸显。桁架式塔架（桁架塔）、钢－混凝土混合塔架（混塔）的成功应用推动陆上风电塔架高度迈上180m以上新台阶，助推陆上风电降本增效。其中，混塔本体经济性优于桁架塔，基础部分桁架塔费用则低于混塔，直接成本混塔架略占优；混塔后期运维成本较低，桁架塔需定期检查连接节点，维护成本较高；桁架塔下部可进行复垦，占地方面略优于混塔；桁架钢材可回收利用。从市场现状看，混塔技术因产业链成熟已得到广泛应用，桁架塔在复杂地形、跨障碍物区等特定场景下展现出一定的发展潜力。

2.3.2 主要设备价格情况

陆上风电机组价格继续保持较低价位，全年中标均价

1350 元/kW

陆上风电机组价格继续保持较低价位，全年中标均价为1350元/kW（不含塔筒，下同）。根据公开信息不完全统计，2024年陆上风电机组累计招标容量约200GW。风电机组中标价格呈现"先降后升"态势，上半年受原材料成本下降和市场竞争影响，价格持续走低，最低中标价跌破1000元/kW水平。下半年机组价格企稳回升。全年中标均价约为1350元/kW。从年内招标采购价格变化趋势来看，2024年行业整体呈现从低价竞争向价值回归的趋势。

从单机容量来看，5～7MW机组中标均价为1400元/kW；10MW机组迎来规模化发展，全年招标规模超23GW，受益于单机容量的提升，单位千瓦造价相对较低，中标均价为1200元/kW。

2024年陆上风电主要设备参考价格水平见表2.4。

表 2.4　2024年陆上风电主要设备参考价格

序号	设备类型	规格型号	单位	参考价格
1	风电机组			
		5～7MW	元/kW	1400
		10MW	元/kW	1200
2	塔筒			
	钢塔	120m以内	元/t	8200
	钢混塔	140～155m	元/kW	390

2.4 海上风电工程

海上风电项目单位造价短期内存在一定波动，总体呈下降趋势

2024年海上风电项目单位千瓦总投资

9000～12500元/kW

LCOE

0.25～0.33元/(kW·h)

2.4.1 工程项目总体造价情况

海上风电项目单位造价短期内存在一定波动，总体呈下降趋势。2024年全国海上风电项目新增装机规模404万kW，增速较2023年放缓。2024年海上风电招标市场延续了机组大型化趋势，受益于技术进步、单机容量提升及市场竞争等因素，项目单位造价进一步下降。根据项目概算、招投标信息、结算资料综合分析，2024年海上风电项目单位千瓦总投资在9000～12500元/kW区间，平准化度电成本（LCOE）在0.25～0.33元/(kW·h)（折现率5%，利用小时数2800h）。海上风电项目施工难度大，船机成本高，且受不同海域建设条件差异影响较大，因此项目间单位造价差异较大。

海上风电项目设备及安装工程投资占比最高，约占工程总投资的47%。土建工程约占30%，其他费用约占18%。2024年典型海上风电项目（项目规模500MW，单机容量12MW，场址中心离岸距离约35km，水深20～35m）平均单位千瓦总投资为9680元/kW，各分项投资占比如图2.13所示。

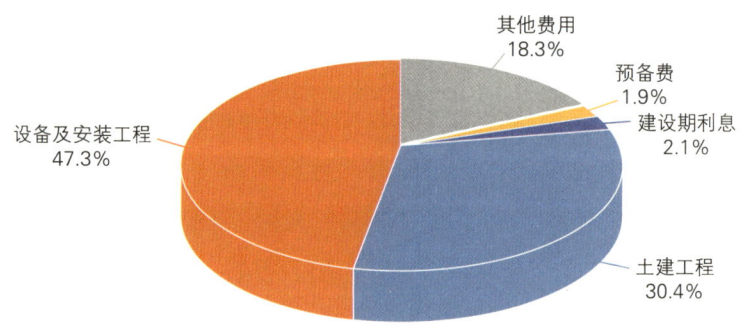

图2.13 2024年典型海上风电项目各分项投资占总投资比例

设备及安装工程、土建工程单位造价较2023年均明显下降

（1）设备及安装工程、土建工程单位造价较2023年均明显下降。其中设备及安装工程降幅最大，单位造价降低约1180元/kW，降幅约为20%。受益于大容量机组的推广应用，机位数量也得以减少，设备费用大幅降低；施工船机配置和现场施工组织管理进一步成熟，叠加市场竞争因素，施工成本大幅下降；海上风电项目安全施工、环保、海事、渔业等方面要求逐步提高，相关补偿性费用增加较多。2023年、2024年典型海上风电项目各分项单位造价对比如图2.14所示。

海上风电项目单位千瓦造价水平区域化特性明显

（2）海上风电项目单位千瓦造价水平区域化特性明显。结合国内不同海域基本建设条件以及施工窗口期特点，整体可划分为四类建设海域：江苏、山东、河北、广西、上海、天津等省（自治区、直辖市）海

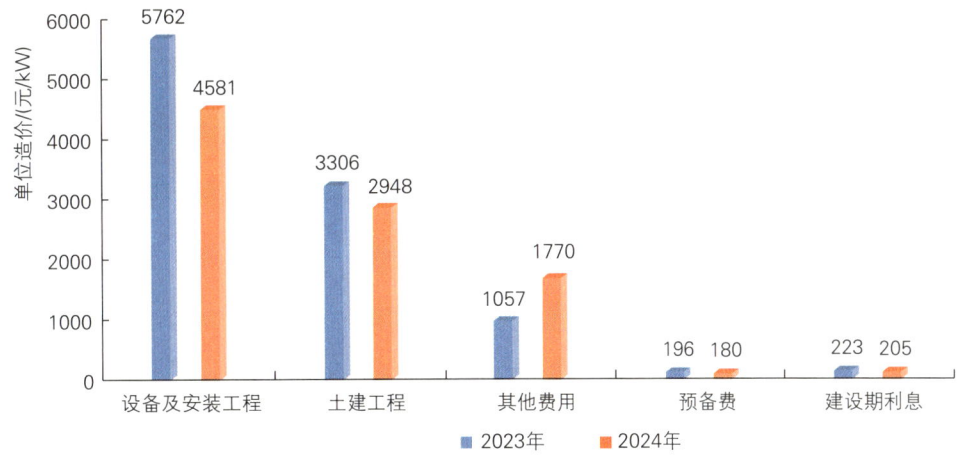

图 2.14　2023 年、2024 年典型海上风电项目各分项单位造价对比

域项目离岸较近，水深适中，施工窗口期较好，海床地质多为粉砂，造价最低；辽宁、海南海域水深略深，造价次之；浙江、广东海域水深较深，存在局部深淤泥层或嵌岩，海缆避让干扰因素多，成本略高；福建海域普遍存在嵌岩，施工窗口期少，成本最高，但风资源较好。具体指标见表 2.5。

表 2.5　不同海域海上风电项目单位造价

序号	不同海域	单位造价/(元/kW)
1	江苏、山东、河北、广西、上海、天津	9400～10200
2	辽宁、海南	10200～10600
3	浙江、广东	10800～11600
4	福建	12600

海上风电项目造价受送出方案影响差异较大

（3）海上风电项目造价受送出方案影响差异较大。近期海上风电柔性直流送出方案投资进一步降低，2GW 规模阀厅主体设备约 4.6 亿～5.5 亿元/套，施工安装及调试成本逐步降低。平台建造成本近期呈下降趋势，但受产能限制可能存在一定波动。做好海上基地规划，协同建设，共用通道可有效降低送出成本。不同离岸距离海上风电项目单位造价见表 2.6。

柔性直流送出工程典型项目（2000MW 规模、离岸距离 100km、双回送出）单位造价构成如图 2.15 所示，其中海缆工程包含登陆点及陆缆部分。

表 2.6　不同离岸距离海上风电项目单位造价

项目类型		离岸距离 /km	送出方案	单位造价 /(元/kW)
近海以及省管海域项目	A	20～50	220kV 交流送出	9100～10200
	B	50～70	220kV 交流送出	9800～10800
	C1	70～90	500kV 交流送出，不设补偿站	10400～11500
	C2		500kV 交流送出，中间设补偿站	10700～11600
	C3		柔性直流送出	11900～12700
国管海域项目	D	90～120	柔性直流送出	12600～13300

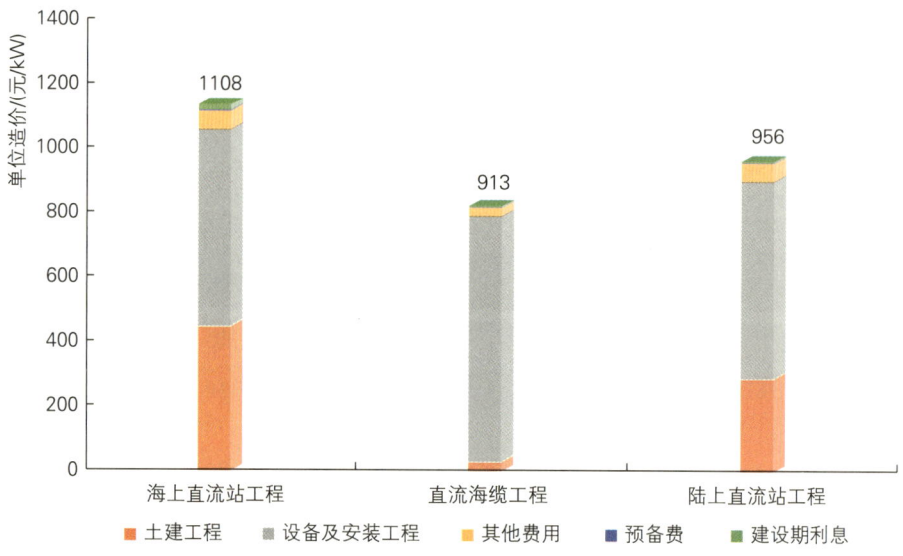

图 2.15　柔性直流送出工程典型项目单位造价构成

漂浮式海上风电项目单位造价仍具有较大挖潜空间

（4）漂浮式海上风电项目单位造价仍具有较大挖潜空间。近期某些海域漂浮式海上风电试验性项目持续推进，但由于不具备规模开发优势，成本仍然处于 22000～27000 元/kW 之间。目前漂浮式海上风电机组仅占总成本的 20% 左右，漂浮式基础、系泊系统、动态海缆、施工安装占比超 50%。现阶段试验性项目整体工作水深和离岸距离有限，风电机组容量较小，基础平台多为钢结构，单位容量用钢量较高。随着漂浮式风电项目单机容量、工作水深、离岸距离的不断提高，浮式基础尺寸进一步加大，对经济性、耐久性、可靠性的要求越来越高，以混凝土结构作为浮式基础具有较好的经济性和耐腐蚀性。2024 年 12 月正式投运的"明阳天成号"漂浮式风电平台，采用大体积薄壁大空腔超高性能混凝土（UHPC）预制构件结构，突破了传统钢结构漂浮基础的限制，结合预应力装配式结构，降低建造成本30%以上。

2.4.2 主要设备价格情况

海上风电机组价格较2023年进一步下降但降幅趋缓，全年中标均价约为2700元/kW（不含塔筒，下同）。根据公开信息不完全统计，2024年海上风电机组累计招标容量约18GW。与陆上风电机组类似，海上风电机组中标价格全年也呈现"先降后升"态势，上半年受原材料成本下降和市场竞争影响，价格持续走低，最低中标价跌至2000元/kW水平。下半年机组价格企稳回升。全年中标均价约为2700元/kW。从单机容量来看，2024年中国海上风电招标市场延续了机组大型化趋势，10MW及以上机型占比突破70%。从年内招标采购价格变化趋势来看，2024年行业整体呈现从低价竞争向价值回归的趋势。2024年海上风电主要设备参考价格见表2.7。

表2.7　2024年海上风电主要设备参考价格

序号	设备类型	规格型号	单位	参考价格
1	风电机组	综合	元/kW	2700
2	塔筒	4～5节	元/t	9500～10300

2.5 陆上光伏发电工程

光伏组件价格持续下降带动光伏电站项目单位造价进一步下降

平均单位千瓦总投资
3450 元/kW
LCOE
0.20 元/(kW·h)

2.5.1 工程项目总体造价情况

光伏组件价格持续下降带动光伏电站项目单位造价进一步下降。2024年度全国光伏项目新增装机规模27798万kW，同比增长28.5%，其中：集中式光伏电站15980万kW，同比增长33%；分布式光伏11818万kW，同比增长23%。根据项目概算、招投标信息、结算资料综合分析，集中式光伏电站项目平均单位千瓦总投资约为3450元/kW，较2023年降低约11.5%，平准化度电成本（LCOE）约为0.20元/(kW·h)（折现率5%，利用小时数1200h）。

陆上光伏项目投资主要集中在设备及安装工程，总投资占比约为64%。2024年典型光伏项目各分项投资占比如图2.16所示。

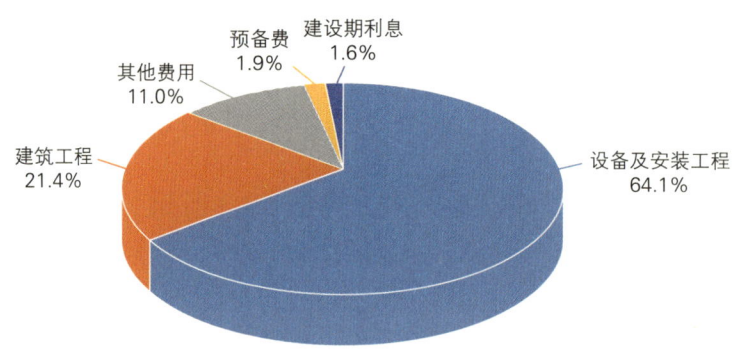

图 2.16　典型光伏项目各分项投资占总投资比例

设备及安装工程单位造价降低，建筑工程单位造价提高

（1）设备及安装工程单位造价降低，建筑工程单位造价提高。其中设备及安装工程较 2023 年降低约 580 元/kW，降幅达 20％，主要原因为 2024 年光伏组件价格大幅下降；光伏项目场地建设条件愈趋复杂，基础结构工程量及施工成本有所增加，因此建筑工程单位造价有所提高。2023 年、2024 年典型光伏项目各分项单位造价对比如图 2.17 所示。

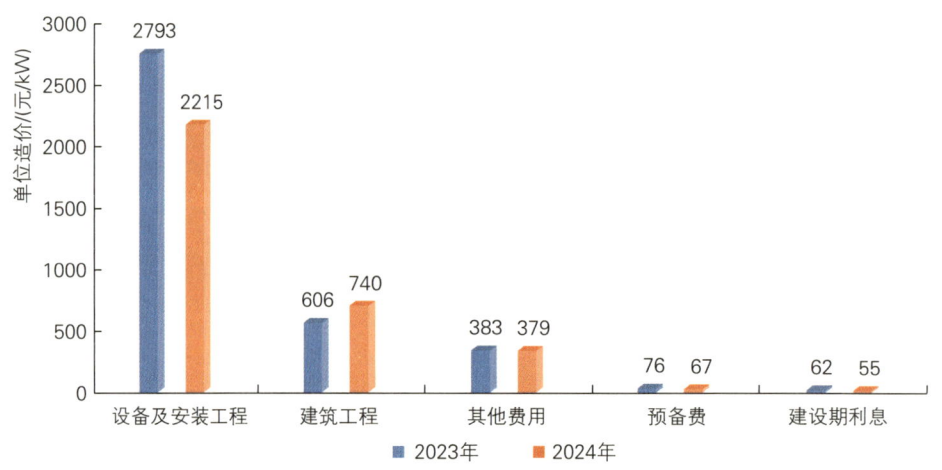

图 2.17　2023 年、2024 年典型光伏项目各分项单位造价对比

西南高寒高海拔地区项目单位造价较高，西北地区项目单位造价最低

（2）西南高寒高海拔地区项目单位造价较高，西北地区项目单位造价最低。主要是由于西北地区大基地规模化开发，地势相对平坦，支架基础建设条件较好，且西北戈壁地形土地成本相对较低；西南地区项目（主要为四川、西藏项目）受高寒高海拔等因素影响，且山地光伏在交通工程、电力线路、环保等方面投入较多，施工成本及材料设备运输成本较高，单位造价最高。另外不同地区土地获取方式及使用成本存在较大差异，对项目单位造价也有一定影响。不同地区的光伏发电项目单位造价如图 2.18 所示。

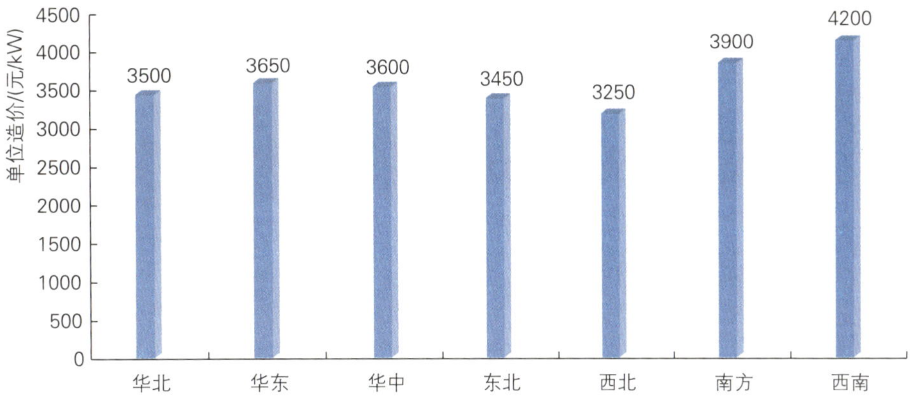

图 2.18 不同地区光伏发电项目单位造价

2.5.2 主要设备价格情况

（1）光伏组件

光伏组件价格持续下降

光伏组件价格持续下降。根据公开信息不完全统计，2024 年陆上光伏组件累计招标容量约 300GW，同比 2023 年增长约 10％。受技术进步、规模化生产、原材料价格下跌、产业链供需关系等因素影响，2024 年前三季度光伏组件中标价格呈现快速下滑的趋势，一季度中标均价 0.90 元/W，三季度均价降至 0.75 元/W 左右，10 月后有所企稳，四季度均价 0.69 元/W。光伏组件月度中标均价如图 2.19 所示。

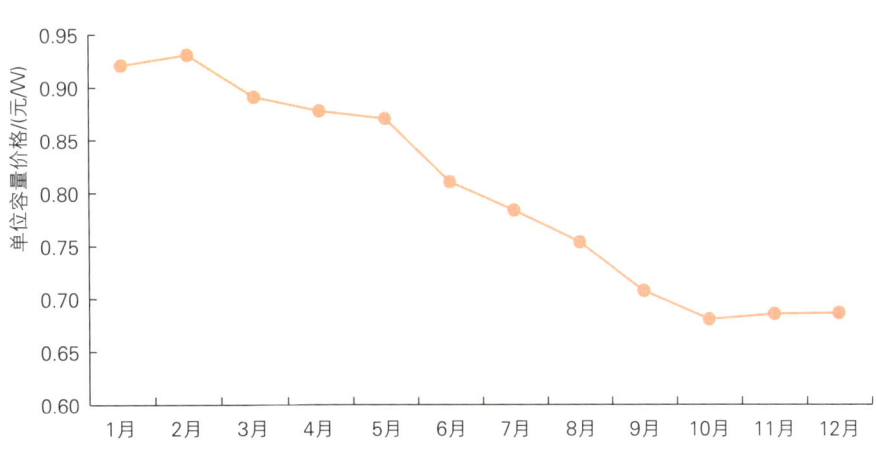

图 2.19 光伏组件月度中标均价（单位：元/W）

N型组件大规模替代P型，且价格已与P型趋同

N 型组件大规模替代 P 型，且价格已与 P 型趋同。2024 年，明确组件型式要求的采购项目中，N 型组件容量占比达 75％，较 2023 年的 35％大幅提升。N 型组件年初中标均价为 0.90 元/W，至年末降低至

0.69 元/W。P 型组件年初均价为 0.88 元/W，至年末降低至 0.68 元/W。N 型组件中，TOPCon 占据市场 80％以上份额，HJT、BC 组件在高端市场逐步渗透，年末与 TOPCon 价差已降低至 0.1 元/W 左右。

（2）逆变器

2024 年光伏逆变器中标价格相对稳定

2024 年光伏逆变器中标价格相对稳定，全年中标均价为 0.116 元/W。其中，组串式逆变器市场占有率进一步提升，全年价格整体趋于稳定。根据公开信息不完全统计，2024 年公示的光伏逆变器项目中，组串式逆变器占比接近 80％，中标均价 0.12 元/W；集中式逆变器技术成熟且市场竞争充分，价格波动较小，全年均价稳定在 0.10 元/W。

2024 年光伏发电项目主要设备参考价格见表 2.8。

表 2.8　2024 年光伏发电项目主要设备参考价格

序号	设备类型	型号参数	单位	参考价格
1	光伏组件	P 型	元/W	0.68～0.88
		N 型	元/W	0.69～0.90
2	光伏支架	固定式	元/t	5900
3	逆变器	组串式	元/W	0.12
		集中式	元/W	0.10

2.6 海上光伏发电工程

2024 年近海海上光伏发电项目单位千瓦总投资

4800 元/kW

2024 年近海海上光伏发电项目单位千瓦总投资约为 4800 元/kW。其中建筑工程投资占比超过 50％。典型海上光伏项目各分项投资占总投资比例如图 2.20 所示。

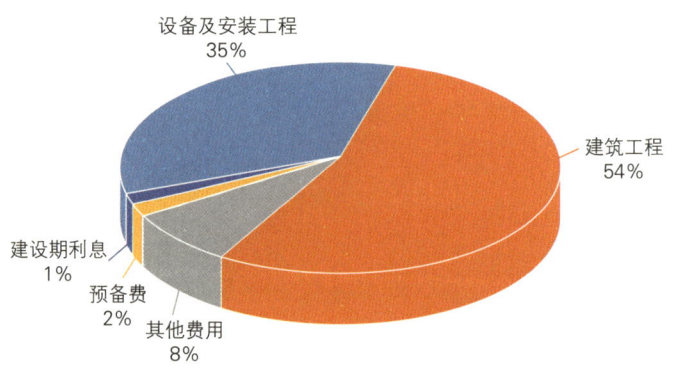

图 2.20　典型海上光伏项目各分项投资占总投资比例

2024年，山东、江苏、浙江、福建等多个沿海省份的海上光伏项目相继获批、开工、投产，如中核田湾200万kW滩涂光伏示范项目于2024年9月首次并网、国华投资山东垦利100万kW海上光伏项目首批发电单元于2024年11月正式并网。

海上光伏近年来随着开发建设项目逐步增多，设计方案、基础型式、施工工艺等方面逐步优化提升，项目造价水平已大幅下降。在山东、江苏、河北近海水深10m以内的海上光伏项目，不含升压站和送出、储能工程，仅光伏发电区单位千瓦投资在4600～5000元/kW之间。结合沿海区域光照资源及送出条件优势，对照偏远高海拔区域，项目开发价值逐步提高。

海上光伏在远距离外送并网情况下，项目经济性相对较差。若在近海附近配套陆上电源打捆送出，与陆上风、光、核、热等进行综合调度，通过共用输电线路通道送出大部分电能，可以大幅度节省输电线路投资，提高经济性，同时可将一部分光伏电量转化为系统需要的高峰期电量，提高输电线路有效容量，实现"海陆多区互联"，对产业结构升级、加速技术创新、发展海洋经济等具有重大意义。

2.7 光热发电工程

截至2024年年底，中国已建成发电的光热发电工程共计98万kW。在建项目24个，装机容量共计245万kW，其中塔式占83.7%，槽式占4.1%，线性菲涅尔式占12.2%。新疆、内蒙古、甘肃、青海、西藏和四川六省（自治区）已完成备案的光热项目共计37个，合计装机容量480万kW。在建光热项目各类型占比如图2.21所示。

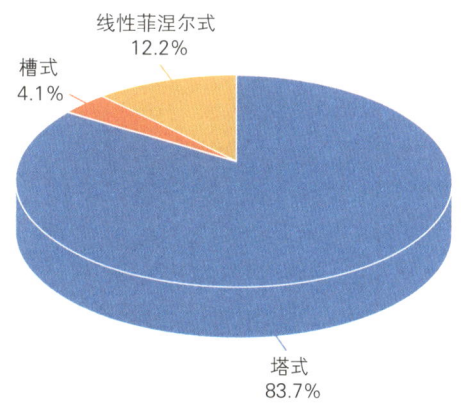

图2.21　在建光热项目各类型占比

2024年，全球首座超临界二氧化碳光热发电机组成功研制并投入运行，标志着中国在第四代光热发电技术领域达到国际领先水平；熔融盐

受益于设备国产化替代、市场竞争和规模化发展，光热发电项目单位造价水平持续下降

平均单位千瓦总投资
16300 元/kW
LCOE
0.64 元/(kW·h)

储热技术、高效聚光吸热系统等方面取得多项创新成果，建成国内首个大开口槽熔盐槽式集热器试验回路，全产业链各关键材料设备自主化亮点纷呈；电站运维技术持续提升，国家首批投运的 8 座光热示范电站总发电量再创新高，同比增长 6.7%。

受益于设备国产化替代、市场竞争和规模化发展，光热发电项目单位造价水平持续下降。经统计，2024 年 100MW 及以上规模光热项目平均单位千瓦总投资约 16300 元/kW，较 2023 年下降约 11.9%。对应平准化度电成本（LCOE）约为 0.64 元/（kW·h）（折现率 5%，利用小时数 1850h）。多数项目单位千瓦总投资介于 13000～20000 元/kW 之间。

不同类型光热发电项目投资指标见表 2.9。

表 2.9　不同类型光热发电项目投资指标

项目类型	储能时长/h	平均单位千瓦总投资/(元/kW)	平准化度电成本/[元/(kW·h)]
熔融盐塔式	6～12	15000～17500	0.60～0.68
导热油槽式	4～15	16000～20000	0.63～0.77
熔融盐线性菲涅尔式	6～10	13000～14000	0.53～0.56

2.8 压缩空气储能工程

2024 年人工硐室地下储气库类型项目单位造价进一步下降

2024 年压缩空气储能在建项目 11 个，总规模 380 万 kW，相较于 2023 年的 81 万 kW 增幅显著；拟建项目 25 个，总规模 782 万 kW。在建项目中，利用盐穴、矿井储气库型式占比约 55.3%，人工硐室地下储气库型式占比约 36.9%，其他型式占比约 7.8%。在建压缩空气储能项目各类型占比如图 2.22 所示。

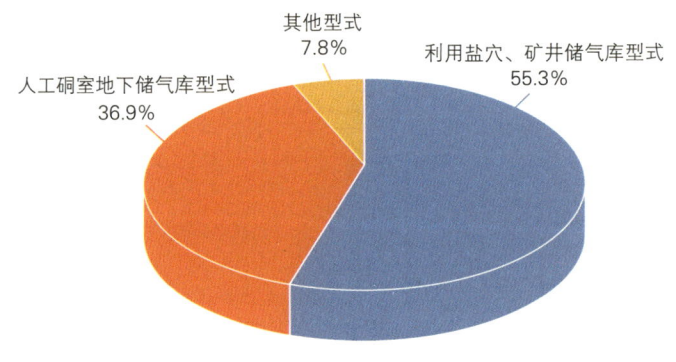

图 2.22　在建压缩空气储能项目各类型占比

2024 年，人工硐室地下储气库类型项目单位造价进一步下降。经统计，各类型压缩空气储能项目平均单位千瓦总投资约为 7100 元/kW，平均发电时长约为 5h，平均单位储能投资约为 1420 元/（kW·h）。其中利用盐穴或矿井巷道储气库型式项目平均单位千瓦总投资约 5650 元/kW，造价水平和 2023 年基本相当；人工硐室地下储气库项目平均单位千瓦总投资约 7600 元/kW，较 2023 年平均水平下降约 11%，主要得益于规模效应显现、技术日益成熟以及市场竞争越来越充分。具体来说，一是地下人工硐室布置方式、储气库钢衬工艺和施工方法不断优化；二是单机容量 300MW 级项目的规模优势逐步凸显；三是压缩机、膨胀机、储换热等关键设备性能不断提高，市场充分竞争，主要设备价格不断下降。

产业创新方面，液态空气储能和二氧化碳储能取得新进展。2024 年，世界最大规模液态空气储能项目青海格尔木 60MW/600MW·h 项目关键设备水平剖分式离心压缩机组顺利下线；世界最大规模二氧化碳储能项目新疆木垒 100MW/1000MW·h 压缩二氧化碳储能电站开工建设，实现二氧化碳储能从兆瓦时级提高到吉瓦时级规模的重大突破。经统计，近期深冷液化空气储能项目单位千瓦总投资仍维持在 9500～10500 元/kW 区间，二氧化碳压缩空气储能项目单位千瓦总投资在 12000～16000 元/kW 区间。

2.9 其他

磁悬浮飞轮储能项目飞速发展，随着兆瓦级项目不断涌现，项目单位千瓦总投资呈逐步下降趋势

2.9.1 飞轮储能项目

磁悬浮飞轮储能项目飞速发展，随着兆瓦级项目不断涌现，项目单位千瓦总投资呈逐步下降趋势。磁悬浮飞轮储能技术发展日新月异，从早期小功率、小容量磁悬浮飞轮储能装置，发展到如今的兆瓦级甚至百兆瓦级项目。2024 年，磁悬浮飞轮储能项目不断涌现，全年实现投运（含并网、调试）的项目 4 个，总规模 10.6 万 kW。新增拟建和在建项目 29 个，规模累计达 356 万 kW。其中，处于设备招标采购或在建阶段的项目 14 个，总规模 101 万 kW；处于签约或前期可研阶段的项目 15 个，总规模 254 万 kW。处于招标和在建阶段兆瓦级磁悬浮飞轮储能项目单位千瓦总投资在 5000～11000 元/kW 区间，平均单位千瓦总投资约 7850 元/kW。

2.9.2 生物质能源发电工程

生物质发电项目单位造价水平趋于平稳

生物质发电项目单位造价水平趋于平稳。2024 年，全国生物质发电新增装机 185 万 kW。截至 2024 年 12 月，全国生物质发电装机容量达到 4599 万 kW，同比增长 4%。

垃圾焚烧发电项目造价水平维持稳定态势，单位千瓦总投资约 25000 元/kW。分项投资构成中，设备及安装工程费约占 48%，由于垃圾焚烧发电规模较小，短期内设备及安装工程投资仍将维持稳定态势。

农林生物质发电项目造价水平呈平稳下降态势，单位千瓦总投资约 9500 元/kW。农林生物质发电项目的分项投资构成与垃圾焚烧发电项目类似，短期内仍将维持稳定态势。

2.9.3 可再生能源制氢工程

可再生能源电解水制氢工程项目单位造价水平降幅明显。受益于供应链成熟与市场规模增大，电解槽市场价格持续降低。2024 年碱性电解槽 1000Nm^3/h（5MW 级）成套系统价格接近 600 万元/套（不含电源，含气液分离和纯化等），单位造价接近 1200 元/kW，较 2023 年下降约 20%。质子交换膜电解槽 200Nm^3/h（1MW 级）成套系统价格接近 600 万元/套，单位造价接近 6000 元/kW，较 2023 年下降约 32%。

可再生能源电解水制氢工程项目单位造价水平降幅明显

3 工程造价水平趋势分析及预测

3.1 常规水电工程

受建设条件、工程规模等因素影响，常规水电工程造价水平近年来呈现波动趋势

受建设条件、工程规模等因素影响，常规水电工程造价水平近年来呈现波动趋势。建设条件是影响水电工程投资的主要因素，随着常规水电站开发建设进一步向流域上游高海拔地区推进，选址空间受限，工程建设条件愈趋复杂，总体开发难度逐步加大，对项目投资也将产生不利影响。但由于常规水电个体差异性较强，不同地区、不同时段项目也表现出一定的差异性，造价水平并不一定呈绝对上涨趋势，存在波动的可能性。未来常规水电开发需在综合考虑地理环境、建设条件、政策变化及市场波动等多方面因素的基础上，建立健全涵盖全生命周期的成本管控体系与动态风险预警机制，加强项目成本控制和风险管理，以应对复杂的开发环境，确保项目全周期投资收益的稳健性。

3.2 抽水蓄能电站工程

抽水蓄能站点资源相对充裕，建设难度整体可控，短期内造价水平预计仍将保持稳定态势

抽水蓄能站点资源相对充裕，建设难度整体可控，短期内造价水平预计仍将保持稳定态势。

"十二五"以来，抽水蓄能电站项目单位造价变化相对平稳，各时期内项目造价水平基本持平。其中，"十二五"期间，项目单位造价基本处于4800～6500元/kW区间范围；"十三五"期间，项目单位造价略有抬升，基本处于5500～7000元/kW区间范围；"十四五"以来，项目单位造价略有上移，但总体水平仍保持稳定态势，如图3.1所示（图中气泡面积大小代表装机规模）。

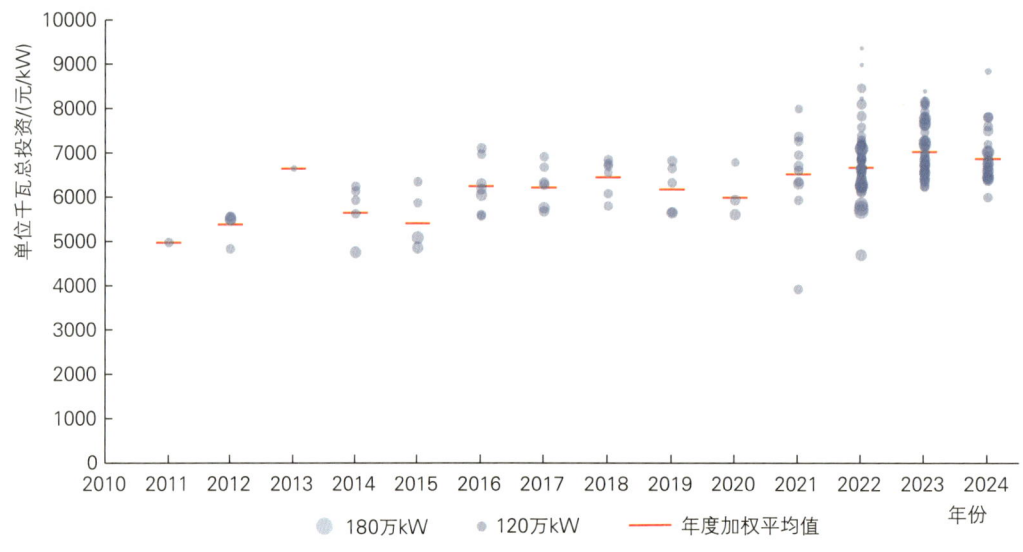

图3.1 "十二五"以来核准抽水蓄能电站单位千瓦总投资变化趋势

与常规水电相比，大型抽水蓄能电站装机规模分布较为集中，枢纽布置格局基本类似，站点资源相对充裕，建设难度整体可控，因此造价水平分布区间更为集中，项目间变化较小，短期内造价水平预计仍将保

持稳定态势。结合近年来抽水蓄能电站前期工作有关造价成果，预计2025年核准项目平均单位千瓦静态投资、总投资分别维持在5700～5900元/kW、6800～7000元/kW区间内，与2023年、2024年造价水平基本持平。

3.3 风力发电工程

短期"抢装潮"或将推高风电项目造价，下半年造价水平有望回落，风电项目建设将进入理性开发阶段

短期"抢装潮"或将推高风电项目造价，下半年造价水平有望回落，风电项目建设将进入理性开发阶段。

"十四五"前期，随着风电产业链逐步成熟，以及大容量机组的规模化发展，陆上风电工程单位造价水平逐年降低。风电行业大型化、规模化发展在推动制造成本下行的同时，一定程度上也抬升了技术门槛，2024年成本下降趋势有所放缓。"十二五"以来风电工程单位千瓦总投资变化趋势如图3.2所示。

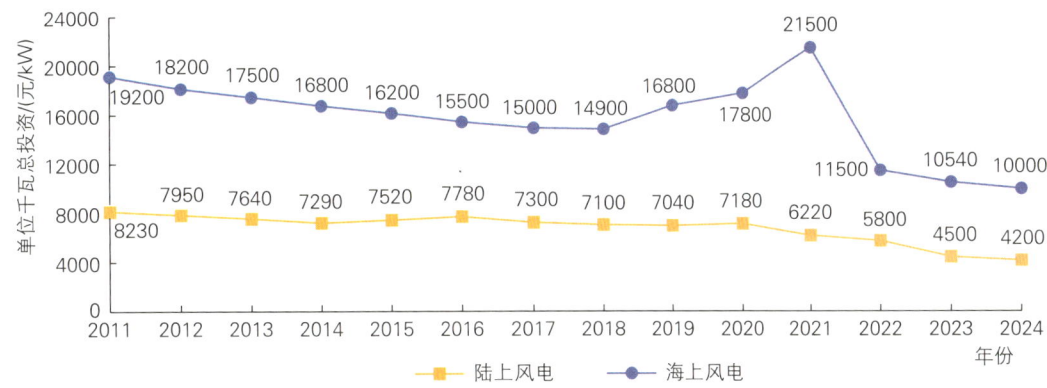

图3.2 "十二五"以来风电工程单位千瓦总投资变化趋势

根据《关于深化新能源上网电价市场化改革促进新能源高质量发展的通知》（发改价格〔2025〕136号）的政策导向及行业历史经验，结合当前风电市场动态，2025年6月前新能源存量项目短期内加速建成可能导致供应链紧张，推动风机、零部件等设备采购以及施工费用短期内上涨。随着"抢装潮"结束，新增产能逐步释放，风电项目建设将进入理性开发阶段，供需紧张局面缓解，2025年下半年造价水平有望回落。同时，大型化风机技术（如陆上15MW＋、海上18MW＋机组）的推广使用也将起到重要的降本效应。预计"十五五"期间，在不考虑综合集中送出成本情况下，中国陆上风电平原及山地项目平均造价水平分别可达到3000～3500元/kW、3800～4300元/kW。

海上风电当前仍处于设备技术迭代以及施工装备高速发展阶段，国管海域试点项目的推进将有效带动相关产业发展，预计"十五五"后期，在不考虑送出成本的条件下，近海、深远海风电项目平均造价

水平分别趋于 7500～9000 元/kW、 11500～13000 元/kW；漂浮式风电项目建设成本有望下降至 20000 元/kW 以内，逐步具备商业化开发条件。

3.4 光伏发电工程

光伏电站技术成本已接近触底，短期"抢装潮"或将推动光伏组件价格回升

光伏电站技术成本已接近触底，短期"抢装潮"或将推动光伏组件价格回升。

随着技术水平进步及规模化发展，"十二五"以来光伏发电工程项目单位造价水平整体呈大幅度下降趋势。 2024 年在组件价格大幅下降影响下，光伏电站整体造价水平进一步降低。目前，光伏电站技术成本已接近触底，光伏组件设备价格下降空间有限。"十二五"以来集中式陆上光伏发电工程单位千瓦总投资变化趋势如图 3.3 所示。

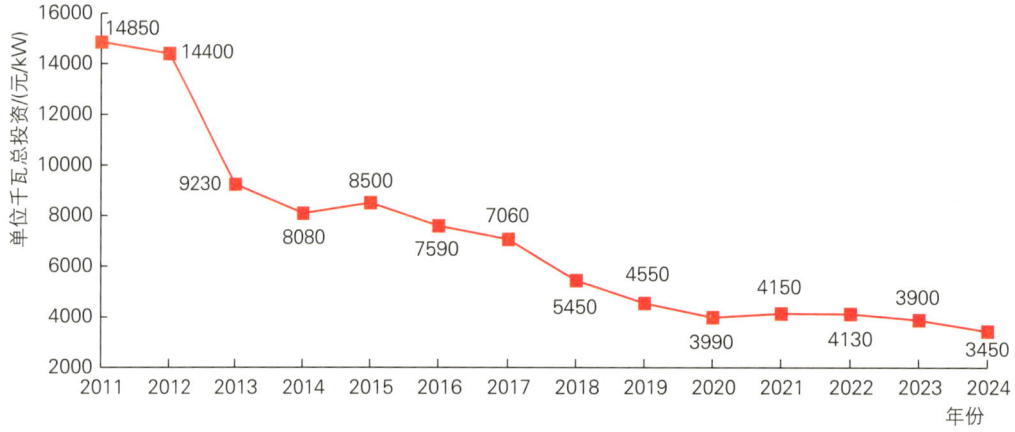

图 3.3 "十二五"以来集中式陆上光伏发电工程单位千瓦总投资变化趋势

2025 年上半年，短期"抢装潮"或将推动光伏组件价格回升。但光伏出力特性导致其在电力市场竞争中面临着更加严峻的考验，同时各省具体实施办法尚未正式出台，实施细则尚不明确，行业存在一定观望情绪，进一步拉大了 2025 年光伏电站装机预期和投资的不确定性。在此背景下，投资企业对开发成本和项目收益把控将更为客观、严谨，势必要求严控建设成本，以抵御未来可能会面临的不确定性风险。同时，2025 年光伏组件等主要设备价格仍将继续承压，光伏 EPC 领域也将进入微利竞争的时代。预计"十五五"期间集中式光伏电站项目平均造价水平可达到 2300～2800 元/kW。光伏电站技术成本已接近触底，电站总体造价水平能否进一步降低，取决于非技术成本、隐性成本能否得到有效控制。

随着海上桩基固定式和漂浮式光伏技术不断进步，叠加装机量增加带来的规模效应，项目造价逐渐降低，未来两年随着山东、河北、江苏、浙江等省海上光伏规模增长带来的成本下降将愈加显著。但仍需持续加大对海上光伏产业供应链的支持力度，并不断完善产业政策，助力海上光伏发展。同时，通过技术进步、优化设计方案、提高施工效率、与海上风电联合开发、设备共享等方式降低建设成本。

3.5 光热发电工程

光热发电工程正处于规模化发展和技术快速进步阶段，单位造价有望进一步下降

光热发电工程正处于规模化发展和技术快速进步阶段，单位造价有望进一步下降。造价水平降低的技术路径分析如下：

塔式：镜场传动结构、定日镜、熔盐储罐结构设计持续优化，熔盐泵、吸热器材料逐步国产化，将推动设备价格持续下降；高温熔盐、超临界发电等关键技术的迭代升级，将显著提高系统热电效率，从而减少熔盐用量，降低聚光集热系统、储换热系统投资。

槽式和线性菲涅尔式：通过增大槽式集热器的开口宽度，提升聚光性能，从而显著减少集热系统回路数量，降低镜场成本；随着单机容量不断提高，规模化效益逐步体现，推动单位造价降低；研究推广新型熔盐热传导介质替换导热油，提高集热系统温度，降低投资。

经综合研判，预计"十五五"期间光热发电项目单位造价将进一步下降 10%～15%。

3.6 压缩空气储能工程

在技术路线创新、装备制造升级、规模效应释放的协同推进下，压缩空气储能工程单位造价预计将稳步下降

在技术路线创新、装备制造升级、规模效应释放的协同推进下，压缩空气储能工程单位造价预计将稳步下降。随着 300MW 级别的技术逐步成熟，更大规模级别项目不断落地，规模化效益将日益显著；核心技术不断突破，高效压缩机与膨胀机、先进透平技术、储换热技术和多样化储气方案取得新进展，技术工艺优化将推动造价水平持续下降；国产设备制造技术日趋成熟，压缩机和换热系统关键部件的技术门槛逐步降低，市场竞争将更加激烈，助推压缩空气储能项目设备投资进一步下降。

经综合研判，预计"十五五"期间压缩空气储能项目单位造价将进一步下降 15%～25%。

3.7 其他

飞轮储能：在新型电力系统加速构建背景下，飞轮储能系统凭借毫秒级响应特性，正从示范应用向规模化部署阶段演进。当前 1MW 级至 10MW 级项目已实现商业化落地。随着技术升级的持续推进，叠加设备制造商产能扩张带来的规模效应释放，以及高速永磁电机等关键部件国产化替代加速，未来 3～5 年内飞轮储能项目单位造价有望进一步下

降，降幅可达 20%～40%。

生物质发电：垃圾焚烧发电行业市场规模有限，且市场集中度较高，预计一定时期内垃圾焚烧发电项目单位造价仍将维持平稳态势。农林生物质发电项目逐步向大规模、高效率的大型燃煤电厂生物质耦合发电模式发展，中长期造价水平预计呈小幅度下降趋势。

可再生能源制氢：可再生能源制氢各技术路线正呈现差异化发展态势。在技术迭代与产业化进程中，碱性电解槽已进入成熟发展阶段。其生产成本的下降主要依托制造工艺优化、供应链体系完善以及产能规模化释放，当前单位造价降幅逐步收窄，呈现出明显的边际效应递减规律。相较而言，质子交换膜电解槽仍处于技术快速演进期，通过贵金属催化剂减量化、膜电极制备工艺革新以及全氟磺酸膜国产化替代等关键技术突破，单位造价具备显著优化空间。

4 定额标准管理

4.1 国家标准

工程造价市场化改革深入推进，工程建设发承包及实施阶段市场化造价管理规则进一步完善

工程造价市场化改革深入推进，工程建设发承包及实施阶段市场化造价管理规则进一步完善。

2024年11月26日，《建设工程工程量清单计价标准》（GB/T 50500—2024）经住房和城乡建设部批准发布，自2025年9月1日起实施。该标准作为替代原《建设工程工程量清单计价规范》（GB 50500—2013）的新版国家标准，在工程建设领域具有重要指导意义。相较原清单计价规范，新版标准注重发挥市场的决定性作用，合理确定造价和科学管控造价并重，在厘清交易定价和企业成本的关系、明确市场化的计价方法和计价依据、加强风险的合理分配和有效控制、强调工程造价全过程管控要求等方面进行了全方位完善。

新版工程量清单计价标准不仅是计算工程造价的技术标准，也是管控工程造价的管理标准。通过标准化、市场化和数字化，对工程项目招标投标、施工过程造价控制、变更索赔、价款结算等一系列造价活动进行规范，不仅提升了传统建设工程的造价管理水平，还将推动建设工程行业向绿色化、智能化转型，其影响将贯穿项目全生命周期，从成本控制到技术创新，最终促进工程建设行业的高质量可持续发展。

4.2 行业标准

可再生能源领域工程造价行业标准体系进一步完善，制修订工作有序推进

可再生能源领域工程造价行业标准体系进一步完善，制修订工作有序推进。

2024年，可再生能源定额站组织行业内建设、设计、施工等有关单位开展了一系列行业计价依据与标准规范的制修订工作。开展了水电工程投资匡算及投资估算编制规定、安全监测系统及环境保护专项投资编制细则、设计工程量计算规定，陆（海）上风电场工程及光伏、光热发电工程设计概算编制规定、费用标准和配套概算定额等一系列定额标准制修订工作，进一步完善了可再生能源发电工程定额标准体系框架和内容，相关成果在统一造价标准、规范各项工作、促进项目建设方面发挥了重要作用。

4.2.1 水电工程

2024年水电工程定额标准制修订工作动态见表4.1。

表 4.1　　2024 年水电工程定额标准制修订工作动态

序号	标准文号	标准名称	性质	状态
1	NB/T 11564.10—2024	《水电工程信息分类与编码 第 10 部分：造价》	制定	2024 年 9 月 24 日发布，2025 年 3 月 24 日实施
2	NB/T 35030—2024	《水电工程投资匡算编制规定》	修订	2024 年 12 月 25 日发布，2025 年 6 月 25 日实施
3	NB/T 35034—2024	《水电工程投资估算编制规定》	修订	
4	NB/T 35031—待定	《水电工程安全监测系统专项投资编制细则》	修订	2024 年 11 月通过审查，2024 年 12 月已报批
5	NB/T 35033—待定	《水电工程环境保护专项投资编制细则》	修订	
6	暂无	《水电工程设计工程量计算规定》	制定	2024 年 11 月通过审查，计划 2025 年报批
7	暂无	《水电工程安全设施及应急专项投资编制细则》	制定	2024 年 12 月通过审查，计划 2025 年报批
8	暂无	《水电建筑工程概算定额（10 项系列标准）》	制定	2024 年 6 月由定额站发布试行版，计划 2025 年报批
9	暂无	《水电设备安装工程概算定额》	制定	
10	暂无	《水电工程施工机械台时费定额》	制定	
11	暂无	《水电工程信息化数字化专项投资编制细则》	制定	2024 年按计划完成了征求意见稿编制等工作，目前正有序推进中，预计 2025 年报批
12	暂无	《水电工程施工资源消耗量测定及成果编制导则》	制定	
13	NB/T 35072—待定	《水电工程水土保持专项投资编制细则》	修订	

续表

序号	标准文号	标准名称	性质	状态
14	NB/T 10145—待定	《水电工程竣工决算报告编制规定》	修订	
15	NB/T 35106—待定	《水电工程招标设计概算编制规定》	修订	2024年顺利完成立项任务，目前正按计划开展有关工作
16	NB/T 35107—待定	《水电工程分标概算编制规定》	修订	

（1）《水电工程信息分类与编码 第10部分：造价》

为深化信息技术在水电工程领域的创新应用，提升全生命周期数据交换和共享水平，统一水电工程信息分类方法与编码规则，开展了能源行业标准《水电工程信息分类与编码 第10部分：造价》（NB/T 11564.10—2024）编制工作。该标准经国家能源局批准于2024年9月24日正式发布，并将于2025年3月24日起实施。

该标准作为水电工程数字化建设的基础性规范，首次构建了覆盖规划、设计、建设、运行及退役等全生命周期的造价信息分类体系，创新采用多维编码架构实现造价数据的结构化处理，保障标准的前瞻性和扩展性。该标准的实施将有效提升水电工程项目造价数据的互联互通，为工程造价大数据分析、智能决策支持系统建设提供标准化基础，对推动行业数字化转型具有里程碑意义。

（2）《水电工程投资匡算编制规定》《水电工程投资估算编制规定》

为促进水电行业的健康发展，更好地落实国家有关政策，反映水电工程造价的实际情况和合理水平，维护水电建设市场的正常秩序，提高造价文件的编制质量，保持标准的可操作性、协调性、先进性，开展了《水电工程投资匡算编制规定》《水电工程投资估算编制规定》两项标准文件修订工作。两项标准于2024年12月25日由国家能源局发布，2025年6月25日正式实施，适用于国内建设的大中型水电站工程和抽水蓄能电站工程投资编制，其他水电工程可参照执行。

两项标准主要修订内容为：参考新版水电工程设计概算编制规定，工程总投资由枢纽工程静态投资、建设征地移民安置补偿静态费用、价差预备费、建设期利息（估算）四部分组成，独立费用和基本预备费分别列入枢纽工程和建设征地移民安置补偿费用中；参考新版水电工程费用构成及概（估）算费用标准，投资匡算与投资估算按增值税"价税分离"的原则编制，建筑安装工程单价、设备费、独立费用中不计列增值税，增值税统一在独立费用后、基本预备费前汇总列项；研究更新了投资匡算取费标准，投资估算取费标准执行新版概（估）算费用标准。

（3）《小直径敞开式 TBM 补充定额》

为进一步完善水电工程定额体系，满足工程建设管理需要，推动"四新"技术应用，合理确定 TBM 施工成本，基于国内多个抽水蓄能电站的工程实践，开展了 TBM 施工技术经济专题研究，相关成果形成了《小直径敞开式 TBM 补充定额》，作为《水电建筑工程概算定额》（试行）补充内容进行发布，为水电工程 TBM 施工成本分析、工程概（估）算编制提供依据，助力 TBM 工法降本增效。

4.2.2 风电工程

2024 年风电工程定额标准制修订工作动态见表 4.2。

表 4.2 2024 年风电工程定额标准制修订工作动态

序号	标准文号	标准名称	性质	状态
1	暂无	《陆上风电场工程升级改造投资编制导则》	制定	2024 年已完成送审稿审查，计划 2025 年报批
2	NB/T 31011—待定	《陆上风电场工程设计概算编制规定及费用标准》	修订	2024 年按计划完成了征求意见稿编制等工作，目前正有序推进中
3	NB/T 31010—待定	《陆上风电场工程概算定额》	修订	
4	NB/T 31009—待定	海上风电场工程设计概算编制规定及费用标准	修订	
5	NB/T 31008—待定	《海上风电场工程概算定额》	修订	

续表

序号	标准文号	标准名称	性质	状态
6	暂无	《风电场工程项目建设工期定额》	制定	2024年已完成征求意见工作，目前正有序推进中，计划2025年报批
7	暂无	《陆上风电场工程工程量计算规定》	制定	2024年按计划完成了征求意见稿编制等工作，目前正有序推进中

《陆上风电场工程升级改造投资编制导则》顺利通过审查。

早期投运风电场即将达到设计运行生命周期，存在机型老旧、故障率高、安全风险大、风资源利用率低等问题。通过对风电场升级改造，可提升风资源利用率，降低运维成本，提高经济效益。

为满足风电场升级改造工程管理，规范和统一风电场升级改造工程投资编制，健全风电场升级改造工程造价管理标准体系，根据《国家能源局综合司关于下达2023年能源领域行业标准制修订计划及外文版翻译计划的通知》(国能综通科技〔2023〕111号)的要求，开展了《陆上风电场工程升级改造投资编制导则》标准制定工作。该项标准规定了陆上风电场升级改造工程的项目划分、投资编制方法、投资文件组成，适用于陆上风电场升级改造工程的投资编制。

4.2.3 太阳能发电工程

（1）光伏发电

2024年光伏发电工程定额标准制修订工作动态见表4.3。

表4.3 2024年光伏发电工程定额标准制修订工作动态

序号	标准文号	标准名称	性质	状态
1	NB/T 32027—待定	《光伏发电工程设计概算编制规定及费用标准》	修订	2024年按计划完成了大纲或征求意见稿编制等工作，目前正有序推进中
2	NB/T 32035—待定	《光伏发电工程概算定额》	修订	

续表

序号	标准文号	标准名称	性质	状态
3	暂无	《光伏发电工程竣工决算编制导则》	制定	2024年顺利完成立项任务，目前正按计划开展有关工作
4	暂无	《光伏发电工程工程量计算规定》	制定	

为了更好地适应光伏发电工程建设面临的新形势和新情况，确保工程建设的经济合理性和技术可行性，2024年内已完成《光伏发电工程设计概算编制规定及费用标准》《光伏发电工程概算定额》2项标准修订的工作大纲编制评审、征求意见稿编制工作，2025年2月开始征求意见，计划2025年6月完成报批；2024年完成了《光伏发电工程竣工决算编制导则》《光伏发电工程工程量计算规定》2项标准的立项工作，标准编制工作目前正按计划有序推进。

（2）光热发电

2024年6月，《太阳能热发电工程概算定额》（NB/T 11423—2023）正式实施。该标准属国内首次编制，不仅填补了光热发电行业标准制定领域的空白，而且对提高工程标准化建设水平，促进光热行业高质量发展，助力"双碳"目标实现，都具有重要的示范作用和现实意义。

2024年6月，完成了《太阳能热发电工程工程量计算规定》《太阳能热发电工程工程量清单计价规范》2项标准的立项工作，标准编制工作目前正按计划有序推进。

4.3 团体标准

在政策支持和市场需求等多方面推动下，团体标准工作持续推进，压缩空气储能有关团体标准填补了技经标准空白。

在政策支持和市场需求等多方面推动下，团体标准工作持续推进，压缩空气储能有关团体标准填补了技经标准空白。

经梳理，2024年工程造价有关团体标准工作动态如下：

（1）《压缩空气储能电站投资编制导则》团体标准自2024年1月29日起正式实施。投资估算和设计概算是进行项目财务评价的基础，是项目投资决策的重要依据。该标准填补了压缩空气储能电站投资编制相关规范和标准的空白。

（2）2024年12月31日，中国水力发电工程学会以"水电学字[2024]104号"批准发布《压缩空气储能电站工程概（估）算费用标准》（T/CSHE 0012—2024）、《压缩空气储能电站工程概算定额》（T/CSHE

0013—2024）两项团体标准，自 2025 年 1 月 1 日起实施。该标准对压缩空气储能电站可行性研究阶段投资估算和初步设计阶段设计概算的项目划分、费用构成和编制方法作出了规定，确立了压缩空气储能电站项目可研投资估算和初步设计概算编制的基本原则和投资构成。

（3）2024 年 1 月 10 日，中国工程建设标准化协会以"第 1856 号"批准发布《建设工程工期延误量化分析标准》（T/CECS 1522—2024），该标准规范了建设工程工期鉴定延误分析方法，适用于建设工程项目诉讼和仲裁中工期鉴定的工期延误分析方法选择、计算和应用，也适用于工程建设项目实施过程中关于工期的延误索赔、结算和审计事宜。

4.4 企业标准

企业标准工作"多点开花"，成为企业提质增效有力抓手，有效助力行业定额标准管理水平提升。

企业标准工作"多点开花"，成为企业提质增效有力抓手，有效助力行业定额标准管理水平提升。

企业定额标准是根据企业范围内需要协调、统一的技术要求、管理要求和工作要求所制定的文件，是企业组织生产、经营活动的依据，更是企业核心竞争力的重要组成部分。随着当前工程造价市场化改革的深入，各类定额标准的地位和作用发生了较大变化，企业定额标准迎来了较好的发展机遇，国家鼓励企业自行制定严于国家标准或者行业标准的企业标准。据不完全统计，2024 年可再生能源行业有关企业造价管理办法及参考指标工作动态如下：

（1）企业造价管理办法

2024 年 7 月，内蒙古电力（集团）有限责任公司制定并发布了《抽水蓄能项目前期费用管理办法》企业标准，该项标准规定了抽水蓄能项目前期费用包含范围、各部门职责、前期工作外委管理流程、合同金额的估算方法、费用申报和审批、费用支付、费用核销管理等内容和要求，主要内容覆盖了前期费用管理的全过程，可有效规范和指导内蒙古电力公司投资的抽水蓄能项目前期费用管理工作。

2024 年 11 月，中国华能集团有限公司修订了华能集团《电力工程建设造价管理办法》《水电工程变更管理办法》《水电工程造价管理细则》《水电工程概算管理细则》等文件。相关文件有助于加强华能集团投资项目造价前期管理及实施过程变更投资管理，提升造价精益化管理水平，动态掌握工程投资和概算执行情况，精准、有效控制工程造价。

2024 年 11 月，国网新源集团有限公司在行业标准的基础上编制发布了新源集团《抽水蓄能执行概算编制导则》《抽水蓄能完工总结算编制导则》，相关标准统一了新源集团执行概算编制内容、深度、表现形式，将推进造价管理标准化和合规性管理水平；规范了投产电站投资控制总结分析的内容和深度，通过管理经验总结梳理，为后续工程提供有价值的经验参考。

（2）企业造价参考指标

中国华能集团有限公司在总结历年造价指标编制经验的基础上，于2024年1月制定了《海上风电场工程标杆造价指标（第一版）》；于2024年3月开发了公司《陆上风电、光伏造价指标分析系统》，并开展了风电和光伏项目造价对标分析，以提高数据分析和指标编制效率。以上工作将更好地助力华能集团进一步提高技经精益化管理水平，切实发挥概算对基建项目实施阶段投资控制的实质性作用。

中国长江三峡集团有限公司在新能源领域创新开展新能源项目实施阶段造价控制管理机制研究，从全生命周期全产业链建设投资管理理念出发，在收集公司实践案例的基础上，于2024年12月制定了《三峡集团新能源项目典型设计造价控制参考指标手册（2024年版）》，并建立新能源项目成本、造价信息数据库及数据查询系统，进一步推进三峡集团新能源项目设计标准化、造价标准化建设，减少重复设计工作，提升三峡集团整体技术水平，优化资源配置，提高收益。

除此之外，国家电力投资集团有限公司发布了企业指标《新能源电站单位千瓦造价标准值（2024版）》；中国大唐集团有限公司编制了2024年企业指标《风电、光伏标杆造价指标》；国家能源投资集团有限责任公司编制了集团2024年光伏、陆上风电、海上风电项目通用造价指标；中国电力建设集团有限公司发布了2024年《股份公司新能源投资项目工程指导造价》。

以上造价指标对加强本企业投资或建设项目的造价管控起到了良好作用，有利于推动行业健康发展。

5 工程造价热点研究

5.1 抽水蓄能电站工程投资主要影响因素分析及关键特征参数研究

抽水蓄能电站工程特征参数是指能体现工程特点，且与投资紧密相关的重要指标。由于抽水蓄能电站建设是一项极为复杂的系统工程，影响工程投资因素众多。通过技术经济分析，在繁多的影响因素中，分清主次，对最为重要、影响最大的因素进行识别，探索抽水蓄能电站工程投资与各影响因素之间的规律和内涵，对于加强项目工程造价管理，提升项目投资效益具有重大意义。

抽水蓄能电站工程投资主要影响因素分析及关键特征参数研究系统梳理了近年来开展前期工作的抽水蓄能电站项目投资及相关影响因素，深入分析了项目投资构成及变化趋势、各分项投资主要技术特征及考虑因素，在此基础上，按照地理因素、建设因素对主要影响因素进行了定量分析，其中建设因素又细分为海拔高程、水库形成方式、距高比、地质条件、土石方平衡条件、泥沙条件、水源条件、交通条件等细分因素。同时，围绕主要枢纽建筑物，对影响投资的主要设计参数（如坝型、坝高、库盆防渗形式等）进行了定量分析。

通过抽水蓄能电站工程投资主要影响因素分析及关键特征参数研究，进一步理清了抽水蓄能电站工程造价有关分布规律，并构建了特征参数库，提出了抽水蓄能电站造价管理有关措施。有关成果和结论，有助于建设各方掌握抽水蓄能电站造价水平的关键影响因素，提升造价管控意识。

5.2 水电工程信息化数字化专项投资编制细则研究

近年来，水电工程信息化数字化技术深入发展，在各类水电项目中的应用也在逐步推广。为合理确定信息化数字化投资，确保水电工程信息化数字化造价管理科学、规范，并提高投资文件的编制质量，同时也为了推动水电工程信息化数字化技术应用发展，可再生能源定额站联合行业相关单位开展了"水电工程信息化数字化专项投资编制细则"研究。目前行业标准《水电工程信息化数字化专项投资编制细则》征求意见稿已初步形成。

根据现阶段研究成果，水电工程信息化数字化专项投资可划分为工程建设与管理信息化数字化工程、智能建造工程、智慧运营工程投资及其他费用。其中，工程建设与管理信息化数字化工程指面向工程全生命周期各阶段开展的工程数字化技术服务、工程项目管理、智慧工地综合管控、数字化移交、工程数字孪生管理等应用；智能建造工程指为实现智能化施工建设而需购置和开发的信息化、数字化和智能化设备、软件及其安装、集成和应用等；智慧运营工程指为实现电站智能化、智慧化运营而需购置和开发的信息化、数字化和智能化设备、软件及其安装、集成等；其他费用指委托有资质的机构或聘请专家对信息化数字化设计和建设管理过程中有关技术、经济等问题进行咨询服务所需的有关费用。

鉴于水电工程安全监测专项工程、水情测报系统、环境保护专项工程、水土保持专项工程中也存在部分信息化数字化工作内容，投资编制中应厘清水电工程信息化数字化专项投资与其他专项投资的关系，避免重复计列或缺项、漏计。

5.3 水电工程全生命周期造价管理体系研究

水电工程全生命周期造价管理体系覆盖项目从投资决策、建设实施到运行维护整个生命周期，同时在每个阶段都要贯彻全生命周期成本效益最优理念。从项目的决策规划阶段开始即全面考量造价因素，通过精准的地质勘探、工程规模预估等，为后续阶段奠定基础，避免因前期决策失误导致造价失控。在设计环节，综合考虑建设成本、运营维护成本等多方面因素，运用先进技术优化设计方案，提高工程性价比。建设施工过程中，严格监控各项费用支出，合理安排资金流，确保工程进度与造价控制协同推进，同时注重施工质量以减少后期维修成本。运营维护期间，依据前期规划合理安排设备更新、技术改造资金，保障工程持续高效运行。整个过程的造价管理形成有机整体，实现水电工程全生命周期造价的最优化，保障项目的经济效益与社会效益最大化。

5.4 水电工程运行期设备检修及试验定额标准研究

2024年，国网新源集团有限公司联合南网调峰调频检修试验分公司、中国长江三峡集团有限公司、中国电建集团北京勘测设计研究院有限公司及中国电建集团华东勘测设计研究院有限公司等有关单位，对抽水蓄能电站设备检修预算编制规定与费用标准、设备检修定额、设备试验预算编制规定和计算标准、设备试验预算定额等运行期定额标准进一步开展了研究，相关研究成果可为抽水蓄能工程设备检修和试验预算的项目划分、编制方法、计价格式及编制方法等提供参考；中国长江三峡集团有限公司在常规水电领域完成了"700MW大型水电机组A级检修定额测定及编制技术研究"，课题考虑机组差异对定额子目进行细化，并融入流域检修支持系统，提升检修管理效率和精准度。以上研究将水电工程定额标准体系向运行期进行了拓展，为进一步完善行业定额标准体系提供基础。

5.5 工程造价鉴定研究

近年来法院和仲裁机构受理的建设工程纠纷案件越来越多，而工程造价鉴定意见往往在很大程度上影响着案件审判走向，受到相关各方高度关注。在此背景下，2024年4月，中国建设工程造价管理协会组织开展了"建设工程造价鉴定工作指南"课题研究，该指南为鉴定流程提供了标准化规范，确保鉴定工作在统一、有序的框架下开展，显著提升造价鉴定工作的专业性与权威性，以及鉴定结果的准确性与公信力。

6 行业综合管理与服务

6.1 工程造价业务发展趋势分析

2024年，可再生能源领域工程造价业务营业收入保持持续增长态势。在政策驱动和市场需求升级的背景下，造价服务向全周期以及工程经济方向深度转型

2024年，可再生能源领域工程造价业务营业收入保持持续增长态势。在政策驱动和市场需求升级的背景下，造价服务向全周期以及工程经济方向深度转型。

2024年可再生能源工程造价业务延续了2023年的增长态势，营业收入实现稳步提升。新能源项目规模化建设催生增量需求，工程造价业务收入增速赶超传统水电领域。可再生能源装机规模的快速增长，直接推动相关造价咨询业务量进一步增长，业务范围也从传统的"设计—施工"阶段向"前期规划—建设—运营"全周期、全链条进一步延伸。可再生能源行业工程咨询企业继续保持业务多元化发展态势，在综合性的全过程造价咨询、竣工决算以及造价纠纷调解等方面寻求新的业务增长点。

（1）全过程造价咨询

随着抽水蓄能电站行业的快速发展，全过程造价咨询在精准管控成本、高效整合资源以及全周期专业化服务方面的优势更加凸显，正日益成为业内备受瞩目的焦点。在传统的造价咨询业务范畴之外，基于当前抽水蓄能电价机制的政策框架，全过程造价咨询服务也衍生了新的内容，包括但不限于容量电价政策制度收集、解读、咨询以及成本监审机制下项目成本合规性咨询等。造价咨询服务边界的拓展，既体现了行业政策与市场需求的深度耦合，也彰显了全过程造价咨询在抽水蓄能建设管理中的专业价值。

（2）水电工程竣工决算验收

水电工程竣工决算是对水电项目建设成果和财务管理的全面总结，是水电工程竣工决算专项验收和竣工验收必要条件，科学编制工程竣工决算报告对确认资产价值、反映概算执行情况及容量电价成本调查具有重要意义。近年来，已有57座大中型水电工程项目开展了竣工决算验收工作，其中常规水电39座，抽水蓄能电站18座。从投产时间看，"十一五"项目14个，"十二五"项目19个，"十三五"项目13个，"十四五"项目11个。

验收实践表明，上述水电工程建设符合国家基建项目管理要求，项目投资控制效果良好，竣工决算总投资整体控制在核准概算（调整概算）范围内。竣工决算验收作为政策响应载体，深度耦合容量电价改革、成本监审等政策，通过技术审查与政府监管双向发力，进一步规范

了水电工程竣工决算编制和管理工作，有效提高了项目法人财务管理水平和项目投资效益，为中国水电行业高质量发展提供有力支撑。

6.2 企业信用评价

企业信用评价工作稳步推进

企业信用评价工作稳步推进。

企业信用评价是推进全社会信用建设的重要组成部分。通过信用评价，企业可以加强内部管理，提高产品质量和服务水平，从而促进整个行业的健康发展和社会经济秩序的稳定。

2024年，可再生能源定额站组织可再生能源行业造价咨询企业参加了全国工程造价信用评价工作，目前可再生能源行业共有13家单位被评定为AAA级信用企业。信用评价工作的开展，有利于推进工程造价咨询行业信用体系建设，完善行业自律机制，提高行业社会公信力，促进行业健康发展。

6.3 注册造价工程师管理

可再生能源工程造价专业队伍进一步壮大

可再生能源工程造价专业队伍进一步壮大。

2024年可再生能源领域一级注册造价工程师人数较2023年增加8.1%。可再生能源工程造价专业的队伍进一步壮大，为可再生能源造价事业的发展持续注入专业力量。

从工作年限来看，可再生能源领域一级注册造价工程师工作经验较为丰富，各年限区间分布比例与2023年基本持平。工作年限在10年（含）以上、20年以下的一级造价工程师占比最高，达到50.3%；其次为5年（含）以上、10年以下，占比为27.9%；工作年限在20年及以上的，占比为19.6%；工作年限在5年以下的，占比最低，为2.2%。可再生能源领域一级注册造价工程师中不同工作年限占比如图6.1所示。

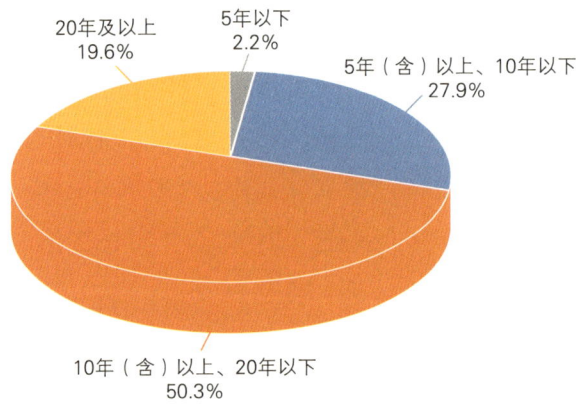

图6.1 可再生能源领域一级注册造价工程师中不同工作年限占比

从职称分布来看，可再生能源领域一级注册造价工程师专业技术水平较高，其中具有高级职称的一级造价工程师占比达到 49.7%，中级职称占比为 39.6%，中、高级职称造价工程师合计占比为 89.3%，与 2023 年持平。可再生能源领域一级注册造价工程师中不同职称类型占比如图 6.2 所示。

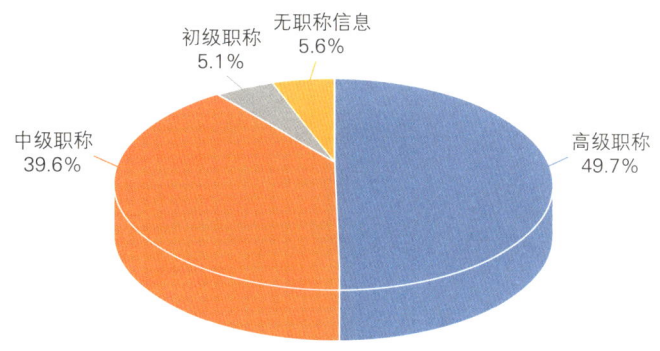

图 6.2　可再生能源领域一级注册造价工程师中
不同职称类型占比

从学历情况来看，可再生能源领域一级注册造价工程师整体学历水平较高，硕士及以上学历占 16.7%，本科学历占 50.6%，本科以上学历占比接近 70%。可再生能源领域一级注册造价工程师中不同学历类型占比如图 6.3 所示。

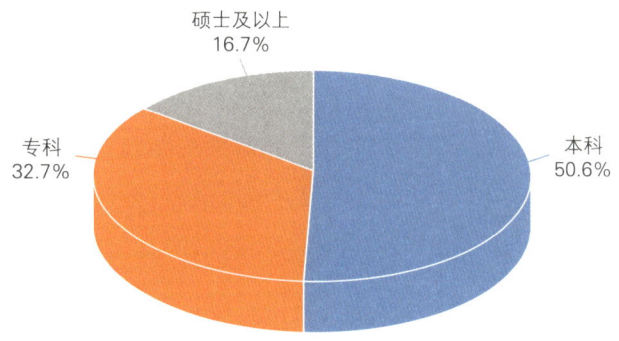

图 6.3　可再生能源领域一级注册造价工程师中
不同学历类型占比

2024 年，可再生能源定额站共完成约 958 人次各种类型注册管理工作。相关工作的开展，对加强注册造价工程师管理，规范执业行为，提高工程造价质量水平发挥了重要推动作用。

6.4 造价专业人员能力水平评价

造价专业人员能力水平评价工作深入推进

造价专业人员能力水平评价工作深入推进。

根据《可再生能源工程造价人员专业技术能力评价管理办法（试行）》（可再生定额〔2023〕6号），2024年，开展了两期水电和三期新能源工程造价人员专业技术能力评价笔试测评，共467人通过测评。能力评价助理级申报评审工作正式启动，共436人取得证书，其中水电助理级187人、新能源助理级249人。后期助理级能力评价将持续开展，可再生能源行业满足条件的造价人员可根据需要提交申请。

随着可再生能源行业的持续深入发展，其对人才的专业素质要求也将逐步提高。2025年，可再生能源定额站将按照管理办法，进一步深入开展能力评价专业级和资深级的有关工作，为水电与新能源行业的高质量发展提供坚实有力的人才保障及专业支撑。

6.5 造价专业培训

造价专业培训持续开展

造价专业培训持续开展。

随着中国可再生能源产业进入高质量发展新阶段，造价咨询业务对传统造价人员的专业素养提出了更高的要求。当前从业人员能力结构仍以传统计价为主，复合型人才储备不足，行业高质量发展驱动力较弱。面对新技术、新业态的快速发展，造价咨询企业应高度重视全过程咨询服务项目负责人和相关专业人才的培养，建立和完善人才培养制度，通过校企合作、行业交流的方式打造高水平的复合型人才。行业协会应充分发挥引领重要作用，组织行业专家开展"基础型、骨干型、复合型领军人才"分类分层级的线上线下在职教育培训及研讨活动，提升人才培养精准度，为全过程造价咨询业务提供人才支撑，驱动行业高质量发展。

2024年可再生能源定额站顺利举办全国第八十八期和第八十九期水电工程造价培训班以及全国第九期、第十期和第十一期三期新能源工程造价培训班。全年共726人参加培训，其中水电298人，新能源428人。培训知识内容涵盖基础知识和专业知识两大部分。其中，基础知识部分主要涉及工程经济、工程建设定额、工程招标投标与合同管理、工程造价管理等内容。水电工程专业知识部分主要涵盖水工、施工、机电、造价等内容，并对2024年6月28日实施的水电工程设计概算编制规定、费用标准和相关定额进行宣贯。新能源专业知识涵盖新能源发展历程、风电光伏设计及施工技术、新工艺应用、新能源概算编制规定和费用标准等多个方面。

水电造价培训班教材"造价指南"是水电工程造价专业人员系统掌

握水电工程造价基础知识与专业知识必不可少的工具书，也是造价专业人员指定培训教材。近几年，水电工程建设领域呈现出新的发展态势，相关技术标准及规定也出现了较大幅度的变动。为此，可再生能源定额站启动了"造价指南"修订工作，预计 2025 年新版教材将推出试行。

7 发展展望

（1）投资主体优选等机制将促进抽水蓄能投资主体优化成本结构，激发降本增效积极性

"十四五"以来，为适应新能源跃升发展和新型电力系统建设需要，国家相关主管部门加强规划指导，不断完善配套政策，推动中国抽水蓄能发展进入新阶段，取得新成效。部分省份已开始尝试市场化竞争方式优选投资主体，鼓励抽水蓄能电站投资主体多元化，并促进抽水蓄能电站投资成本控制。2025年2月，国家发展和改革委员会、国家能源局联合印发《抽水蓄能电站开发建设管理暂行办法》（以下简称《办法》），提出抽水蓄能项目开发建设应立足加快规划建设新型能源体系和构建新型电力系统，坚持"生态优先、需求导向、优化布局、有序建设"总体原则。《办法》通过建立资源储备与比选机制、强化核准、优选投资主体等措施，将对抽水蓄能电站的建设成本产生多维度影响：

1）建立资源储备与比选机制：《办法》要求省级能源主管部门建立站点资源库，统筹系统需要、建设成本及电价承受能力等因素，组织项目综合比选。

2）强化核准：《办法》规定项目应"先评估、后核准"，重点评估项目建设必要性、技术经济可行性、生态环境影响等，并要求"从严控制成本和造价"。

3）优选投资主体：《办法》要求通过招标等竞争性方式优选投资主体，禁止强制配套产业，吸引优质社会资本参与。相关机制将促进投资主体优化建设成本，进一步推动抽水蓄能产业健康可持续发展。

（2）新能源上网电价市场化改革持续深化，市场交易价格预计将进一步下探

2025年1月，国家发展和改革委员会、国家能源局联合印发《关于深化新能源上网电价市场化改革促进新能源高质量发展的通知》（发改价格〔2025〕136号），标志着中国新能源上网电价市场化改革迈出关键步伐。文件提出按照价格市场形成、责任公平承担、区分存量增量、政策统筹协调的要求，深化新能源上网电价市场化改革，推动新能源上网电量全面进入电力市场，通过市场交易形成价格。

随着新能源上网电价全面市场化改革加速推进，市场供应量将持续增加，在风光发电高峰时段（如午间光伏出力峰值），市场供需失衡加剧，价格竞争会更加激烈。同时，新能源发电的间歇性与电力系统灵活

性资源（如储能、调峰机组）建设滞后的矛盾将放大价格波动，而新能源出力高峰常与电价谷段重合（如光伏午间出力对应工商业用电低谷），导致实际结算均价被系统性拉低，新能源市场交易价格预计将进一步下探。新能源技术迭代、规模化开发带来的成本下降也为电力市场价格竞争奠定了基础。

尽管短期内价格下探可能压缩企业利润，但市场化改革将倒逼行业提质增效，推动新能源从"规模扩张"转向"价值创造"。长期来看，有助于优化资源配置、提升消纳效率，并倒逼技术创新，进而实现社会总福利的提高。在此过程中，企业需加强成本控制、灵活参与市场交易，政府需完善配套机制以平衡市场化与可持续发展目标。随着全国统一电力市场建成、储能成本下降及绿电消费需求增长，新能源有望通过技术降本、市场套利与环境溢价三重路径实现收益增长，最终形成"低价—高消纳—可持续"的良性循环。

（3）定额标准体系进一步向纵深化、全生命周期延伸，企业定额标准在市场化竞争格局中的作用逐渐凸显

随着可再生能源工程项目规模化蓬勃发展，行业定额标准将进一步向纵深化、多元化发展，针对新材料、新设备、新工艺、新技术广泛深入应用，以及既有项目运行期升级改造、检修试验的发展需求，将在全过程造价管理体系基础上，拓展建立科学、完整的可再生能源工程全生命周期造价管理及定额标准体系。为应对技术迭代加速、成本结构变化等挑战，定额标准将建立"全面修订＋局部修订＋即时补充"三级动态机制，确保定额标准的协调性、可操作性、适用性和时效性。

同时，在工程造价市场化改革驱动下，企业定额在成本控制、风险分担中的基础性作用愈加凸显。企业定额正从辅助工具升级为核心竞争力载体，显著提升企业成本控制的精细化程度，更为企业参与市场化竞争注入了强大的新动能。同时，企业定额标准可为行业定额标准制修订工作提供有力支撑，进一步助力行业定额标准管理水平提升。

（4）电价波动风险与效益优化需求将推动造价咨询深度介入项目全生命周期管理，并向市场运营方向发展

新能源项目上网电量原则上全部进入电力市场，上网电价通过市场交易形成，意味着新能源稳定营收模式将向市场化交易模式转变，基于投资造价、固定上网电价和静态利用小时数测算收益率的传统经济评价

模型不再适用。新能源企业将直面市场化竞争，电价波动风险也将倒逼新能源项目投资方更加注重全生命周期成本管理和效益优化，涵盖前期投资决策（包括储能配置决策）、施工过程成本管控、运营策略优化的全阶段咨询服务将成为投资企业核心需求。

面对新能源市场化改革带来的机遇与挑战，造价咨询专业需突破传统边界，从项目前期、建设期延伸至运营维护阶段，通过全流程介入、技术赋能与风险管理创新，成为平衡电价波动与成本优化的重要枢纽。一方面，在经济性评价环节，不仅要关注新能源投资建设成本，还应充分考虑区域电力供需形势、电力市场价格趋势、项目出力曲线、所处电网节点和机制电价水平，估算全生命周期动态收益与费用，综合场内场外不确定因素开展综合性的经济分析工作。另一方面，造价咨询机构还需关注不同省份的竞价规则，充分运用大数据、人工智能等技术手段，精准预测电价走势，结合项目成本特点优化竞价方案，实现成本与效益的动态平衡，提升项目抗风险能力，助力新能源企业稳健发展。

（5）工程造价专业需通过数字化、智能化能力重构业务模式，推动工程造价管理向数智化转型

近年来，人工智能、大数据分析等在工程造价领域的应用和研究逐渐深入。随着生成式人工智能技术的快速发展，工程造价专业需通过数字化、智能化能力重构业务模式，推动工程造价管理进一步向"数智化"转型。如借助生成式大模型自动生成造价报告，减少重复性工作；自动解析招标文件、合同条款中的关键信息（如工程量清单、材料规格），减少人工录入错误；通过人工智能，分析历史工程数据（如变更签证、索赔案例），识别潜在风险点（如设计缺陷、施工延误），提高风险识别与成本控制的能力和效率；构建虚拟造价顾问，结合数字孪生技术，实时监控施工进度与成本偏差，动态调整造价预算，预测施工延误导致的成本超支，并提供优化建议。上述研究方向不仅是行业自身升级、实现效率提升和成本优化的必然需求，更是数据智能驱动转型、推动绿色低碳转型、促进可持续发展的重要抓手。未来，需进一步强化跨领域协同，通过政策引导、技术创新和数据共享，构建"数据采集—动态更新—智能分析"的全链条管理体系，充分释放人工智能在工程造价研究和管理中的巨大价值。

附 录

附录1 大事记

2024年中国可再生能源工程造价管理大事记

一、《招标投标领域公平竞争审查规则》发布

2024年1月，国家发展和改革委员会联合七部门印发《招标投标领域公平竞争审查规则》（2024年第16号令），旨在加强和规范招标投标领域的公平竞争审查，维护公平竞争的市场秩序。该文件通过明确审查机制、适用范围和监督管理措施，为维护招标投标市场的公平竞争秩序提供了坚实的制度保障。

二、中央和地方预算草案报告提出研究建立健全与"双碳"目标相适应的财税政策体系

2024年3月，财政部提请第十四届全国人民代表大会第二次会议审查《关于2023年中央和地方预算执行情况与2024年中央和地方预算草案的报告》。该报告提出：积极稳妥推进碳达峰碳中和。研究建立健全与"双碳"目标相适应的财税政策体系。支持绿色低碳科技研发推广，推动产业结构调整和重点领域行业节能减排。支持新一轮找矿突破战略行动，促进可再生能源和清洁能源发展，推动加快建设新型能源体系。密切跟踪全球碳定价趋势，积极参与全球环境气候资金机制治理与合作。

三、《关于进一步强化金融支持绿色低碳发展的指导意见》发布

2024年3月，中国人民银行等七部门发布《关于进一步强化金融支持绿色低碳发展的指导意见》，鼓励金融机构利用绿色金融标准或转型金融标准；加大对能源、工业、交通、建筑等领域绿色发展和低碳转型的信贷支持力度，优化绿色信贷流程、产品和服务；进一步优化绿色公司债券申报受理及审核注册"绿色通道"制度安排，提升企业发行绿色债券的便利度；支持清洁能源等符合条件的基础设施项目发行不动产投资信托基金（REITs）产品。

四、创新完善体制机制推动招标投标市场规范健康发展

2024年5月，国务院办公厅发布《关于创新完善体制机制推动招标投标市场规范健康发展的意见》（国办发〔2024〕21号），提出要完善招标投标制度体系，落实招标人主体责任，完善评标定标机制，推进数字化智能化转型升级，加强协同高效监督管理，营造规范有序市场环境，提升招标投标政策效能，强化组织实施保障。

五、健全绿色低碳发展机制，实施支持绿色低碳发展的财税、金融、投资、价格政策和标准体系

2024 年 7 月，新华社发表《中共中央关于进一步全面深化改革 推进中国式现代化的决定》全文。该决定指出，要健全绿色低碳发展机制，实施支持绿色低碳发展的财税、金融、投资、价格政策和标准体系，发展绿色低碳产业，健全绿色消费激励机制，促进绿色低碳循环发展经济体系建设。该政策框架通过多维度的制度设计，系统性引导资源向绿色低碳领域配置，既是实现"双碳"目标的核心路径，也是构建新发展格局的重要支撑。

六、《水电建筑及设备安装工程价格指数（2023 年下半年、2024 年上半年）》发布

2024 年 6 月、10 月，可再生能源定额站经综合测算分别发布了 2023 年下半年、2024 年上半年水电建筑及设备安装工程价格指数，综合反映水电工程投资随国家政策及市场情况的变化趋势，发挥工程造价管理部门积累价格资料、分析变化趋势、发布价格信息的作用，为政府和业主的水电建设项目投资决策和造价控制管理提供参考数据。

七、水电与新能源工程造价专业委员会 2024 年学术研讨会顺利召开

2024 年 9 月，中国建设工程造价管理协会水电工作委员会、中国水力发电工程学会水电与新能源工程造价专业委员会 2024 年学术研讨会议顺利召开，会议围绕可再生能源领域定额标准、发承包管理模式、新能源成本分析、压缩空气储能计价依据等研究成果进行分享，并对未来发展趋势进行展望；参会代表就专委会工作报告、专题报告进行审议和讨论，并对可再生能源领域工程造价管理关键问题进行交流。

八、《中华人民共和国能源法》明确能源价格形成机制

2024 年 11 月，《中华人民共和国能源法》正式颁布，其中第四十五条明确：国家推动建立与社会主义市场经济体制相适应，主要由能源资源状况、产品和服务成本、市场供求状况、可持续发展状况等因素决定的能源价格形成机制。依法实行政府定价或者政府指导价的能源价格，定价权限和具体适用范围以中央和地方的定价目录为依据。制定、调整实行政府定价或者政府指导价的能源价格，应当遵守《中华人民共和国价格法》等法律、行政法规和国家有关规定。能源企业应当按照规定及时、真实、准确提供价格成本等相关数据。国家完善能源价格调控制度，提升能源价格调控效能，构建防范和应对能源市场价格异常波动风险机制。

九、能源行业水电工程技术经济标准化委员会召开 2024 年度工作会议

2024 年 12 月，能源行业水电工程技术经济标准化技术委员会组织召开了 2024 年度工作会议，回

顾了标委会年度重点工作，表决通过了标委会 2024 年度标准复审意见、2025 年度行业标准立项计划，并围绕水电工程全生命周期造价管理需求研讨技术经济标准体系建设（包括国标、行标、团标、企标）以及如何做好标委会工作开展专题研讨。

十、《关于完善价格治理机制的意见》印发

2024 年 12 月，中共中央办公厅、国务院办公厅《关于完善价格治理机制的意见》正式印发，总体要求中提出：围绕充分发挥市场在资源配置中的决定性作用、更好发挥政府作用，健全市场价格形成机制，创新价格引导机制，完善价格调控机制，优化市场价格监管机制，加快构建市场有效、调控有度、监管科学的高水平价格治理机制，提高资源配置效率；提升宏观经济治理水平，更好地服务中国式现代化建设。

附录2 区域划分表

本报告中各区域包含范围见下表。

<table>
<tr><td colspan="3">区域划分表</td></tr>
</table>

编号	区域名称	范围
1	华北地区	北京、天津、河北、山西、山东、内蒙古西部地区
2	东北地区	辽宁、吉林、黑龙江、内蒙古东部地区
3	华东地区	上海、江苏、浙江、安徽、福建
4	华中地区	河南、湖北、湖南、江西
5	西北地区	陕西、甘肃、青海、宁夏、新疆
6	南方地区	广东、广西、云南、贵州、海南
7	西南地区	重庆、四川、西藏

声　　明

　　本报告内容未经许可，任何单位和个人不得以任何形式复制、转载。

　　本报告相关内容、数据及观点仅供参考，不构成投资等决策依据，可再生能源定额站不对因使用本报告内容导致的损失承担任何责任。

　　如无特别注明，本报告各项中国统计数据不包含香港特别行政区、澳门特别行政区和台湾省的数据。 部分数据因四舍五入的原因，存在总计与分项合计不等的情况。

　　本报告部分数据引自国家统计局、国家能源局、中国电力企业联合会、国家太阳能光热产业技术创新战略联盟、中关村储能产业技术联盟等单位（机构）发布的数据，以及中华人民共和国 2024 年国民经济和社会发展统计公报、2024 年全国电力工业统计数据、中国可再生能源发展报告 2024 年度等统计数据报告，在此一并致谢！